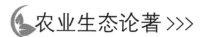 农业生态论著 >>>

农业生态概论

NONGYE SHENGTAI GAILUN

林文雄　主编

中国农业出版社
北　京

图书在版编目（CIP）数据

农业生态概论 / 林文雄主编 . —北京：中国农业
出版社，2019.12
农业生态论著
ISBN 978-7-109-25823-5

Ⅰ．①农… Ⅱ．①林… Ⅲ．①农业生态学 Ⅳ.
①S181

中国版本图书馆 CIP 数据核字（2019）第 182959 号

中国农业出版社出版

地址：北京市朝阳区麦子店街 18 号楼
邮编：100125
责任编辑：张德君 李 晶 司雪飞 文字编辑：谢志新
版式设计：王 晨 责任校对：刘飔雨
印刷：中农印务有限公司
版次：2019 年 12 月第 1 版
印次：2019 年 12 月北京第 1 次印刷
发行：新华书店北京发行所
开本：787mm×1092mm 1/16
印张：9
字数：220 千字
定价：54.00 元

编写人员名单

主　编　林文雄

副主编　吴则焰

参　编　（按姓氏笔画排序）

孙小霞　吴杏春　吴林坤　陈冬梅　林　生

郭玉春　黄立洪　曾任森　熊　君

前　言

　　生态学作为研究生物与环境之间相互关系的科学，其发生和发展始终与农业紧密相连。在全球范围均面临重大生态环境危机的形势下，生态学以其固有的非线性思维和整体性的思想，以自身长期的科学积累为基础，积极面对挑战，在诸多的学科中脱颖而出，在世界探索可持续发展道路上发挥着越来越重要的作用。我国已进入生态文明新时代，其实质就是生物多样性，现代农业也将带有这个时代特征进入新的发展阶段，如何迅速进入高质量发展的轨道，需要继续努力。当前我们应加强协作攻关，探索一套切实可行的环境友好型和资源节约型的技术体系用于生态农业建设与实践。可喜的是，由中国农业出版社组织出版的"农业生态论著"系列丛书，将以农业生态专著、农业科普图书、微视频等多种形式，向广大读者普及农业生态文明建设的理论和方法，对我国生态农业的发展将是一个极大的推动。

　　第二次世界大战后，以单一化种植、规模化生产、化学促生、机械化操作、产业化经营为主要特征的西方工业化农业（也称"石油农业"或"无机农业"）模式在欧美一些发达国家兴起，并迅速在增加农业产出和经济效益上获得巨大成功。随后，一些发展中国家也纷纷效仿，着力对本国传统农业进行改造和提升，并在一定程度上完成了向现代农业的转型。自中华人民共和国成立以来，农业发展先后经历了计划经济体制和社会主义市场经济体制两个时期，农业生产方式和经营体制也经历了几次大的调整，但其基本目标取向仍以西式现代农业为范式。尤其是改革开放后，中国农业开始在资源配置、生产技术、品种结构、经营方式、管理体制等诸多方面与西式现代农业接轨并取得了非凡成就。但是，在农业现代化迅猛发展的同时，与之相关的许多弊端和问题也接踵而至。主要是农业资源利用率不高，农业成本加大。同时环境污染加剧，农产品质量不佳，影响人们的消费心理，严重影响市场竞争力。中国作为一个生态脆弱、资源相对短缺、环境压力突出的国家，20世纪80年代以来，学术界和各国政府普遍关注的"人口、资源、能源、环境和粮食"等重大问题实质上在中国并未得到根本解决。中国农业取得的成就是以牺牲资源环境为代价的，从长远来看，这种高投入、高能耗、高排放、低效率的生产方式对中国来说是不可持续的。如何解决中国农业可持续发展的问题，农业生态学成为我国政府和学者普遍研究的焦点。

　　近年来，西方各国发展起来的主流农业生态学思想及其实践效果为我国发展现代生态农业提供了新的思路，也给我们跨越"环境卡夫丁峡谷"，实现农业绿色可持续、高质量发展提供了可借鉴、可复制的生产模式与技术路径。现代生态农业就是利用生态学概念与原理设计与管理的可持续农业生态系统，它是一门模拟自然生态系统功能的农业仿生学。其包括3个方面内容：其一，它不是一门通常所说的经验科学，而是可学习、可复制的，涉及人类和环境要素的系统科学。具体地说，其核心策略就是应用生态学的生态因子的作用与反作用原理、生态金字塔原理、物质循环再生原理、生物生态位原理、生物多样性介导的系统自动平衡原理以及资源利用的生态经济学原理设计和管理农业系统，以实现农业可持续发展。其二，它包含用于提高农业系统弹性、生态、社会经济和文化可持续性的技术特性和实践规程。其三，它还是一种社会运动，即寻找农业及其与社会联盟的推介新方式。这也是一种适合在地条件、自下而上式的生态农业模式。它强调利用生态系统内不同组分间正互作原理与技术，探索建立一个实现产量优化、稳定的可持续农业系统，进行安全高效生态无污染生产，以提高产品的质量与效益，并强化公众参与和共享等社会生态农业联盟和行动，在追求食物主权的同时，重视发掘新的农业多功能性作用，即强调现代农业既要重视安全食品生产，又要保护农业的生态功能，满足提供生态服务的需要。

近20年来，国内已陆续出版了数十部农业生态学方面的专著与教材，对促进学科发展起到了积极作用。但农业生态学总体上还处于发展时期，随着相关的研究与实践不断丰富与深入，新的理论和技术大量涌现，汇编一套适应生态文明新时代的系列读本，具有重要的现实意义。本书由多位长期奋斗在农业生态学教学与科研第一战线的中青年教授、博士们根据各自的研究积累编写，内容体现了国内农业生态学者的全球视野和发展潜力。本书的编写得到中国农业出版社的大力支持和帮助，在此对所有参与本书编写、绘图、审阅的同志们表示诚挚的谢意。值得一提的是，在编写本书的过程中，引用了国内外许多同类教材的部分内容和有关插图。尽管我们都在相应的正文位置作了参考标注，但如有遗漏在此深表歉意，并向本书所引用文献的原作者（编者）表示衷心的感谢。

由于编者水平有限，错误和不当之处在所难免，敬请同行专家和广大读者给予指正。

编　者

2019 年 7 月

目 录

第一章 | CHAPTER1

绪　论

现代农业（modern agriculture）相对于传统农业而言，是利用廉价的生产因素（即石油、机械、农药、化肥、技术等）代替昂贵的生产因素（即人力、畜力和土地等），把农业发展建立在以化石能源为基础，以高投资、高能耗方式经营的工业化农业。在按农业生产力性质和水平划分的农业发展史上，现代农业属于继传统农业之后的一个重要阶段，亦称为石油农业。

20世纪50年代以来，现代农业得到快速发展，耗用大量以石油为主的能源和原料，具有高产、高效、省力、省时、经济效益大等特点，无论对提高农业生产效率和农产品产量，解决因人口激增而引起的世界粮食需求矛盾等问题，还是在发达国家的农业发展史上均起重要作用。但现代农业也曾一度因出现全球性的石油危机和生态环境的持续恶化而暴露其在经济、技术、生态上存在的弊端，引起全世界的广泛关注。

第一节　现代农业的成就与反思

由于大型农业机械的出现，化学工业的飞速发展以及农业技术尤其是作物杂交品种的不断涌现，现代农业劳动生产率大大提高，形成了高产出的机械化集约农业，在20世纪60年代达到鼎盛时期，取得了巨大成就。

一、世界现代农业发展成就

经过半个多世纪的发展，机械化集约农业已经成为工业化国家农业生产的主要形式。由于各国自然和社会经济状况的差异，形成了各具特色的现代农业。以美国为例，1920—1990年，美国的拖拉机数量增加了18倍，农用卡车增加了24倍，谷物联合收割机增加了165倍，玉米收获机增加了67倍。1970年农用化学品的使用量是1930年的11.5倍，1990年化肥的使用量为1946年的6.1倍。与此同时，美国农业的投入结构也发生了很大变化。1920年农业投入中劳动、不动产、资本三者之间的比例为50∶18∶32，这一比例到1990年变为19∶24∶57，美国的农业生产力水平随之大幅提高。从1930年到1990年，小麦单产提高了1.45倍，棉花单产提高了2.57倍，土豆单产提高了3.48倍，玉米单产提高了5.12倍。1950～1975年美国农业劳动生产率提高了2.4倍；每个农业劳动力所能供养的人数由1910年的7.1人增加到1989年的98.8人。同时，农业生产同农产品加工、销售以及农业生产资料制造、供应之间的联系日趋紧密，农业的专业化、社会化程度也有了大幅度的提高。这场"石油农业革命"不仅使美国的农业实现了现代化，还促成

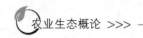

了人类历史上第一次全球范围内的农业现代化。从发达国家到发展中国家，"石油农业"迅速成为全球农业发展的主要模式。20 世纪 60 年代末的世界粮食首脑会议确立了这一模式是农业现代化的必由之路，并把它作为此后 20 年改变全球粮食供应紧张、消灭饥饿的主要措施。这一努力的积极成果大大提高了农产品的产量，养活了世界上比原来预期多 10 亿以上的人口。

二、中国现代农业发展成就

（一）农业基础设施建设成效显著

在农田水利基础设施建设方面，截至 2007 年，全国累计完成投资 2 720 亿元，有效灌溉面积达到 5 651.8 万 hm^2，占总耕地面积的 45.0%左右，比 1978 年增长了 25.7%。治理水土流失面积 26 万 km^2，新增改善灌溉面积 3.6 亿亩*，新增改善除涝面积 7 880 万亩，改造中低产田 1.3 亿亩，解决 5 000 多万人温饱困难。在农机装备数量上，2008 年全国农机总动力达到 8 亿 kW，是 1978 年的 66 倍；全国综合机械化水平达到 45.0%，增长 24.8%；拖拉机拥有量 1 666.5 万台，增长 8.63 倍；大中型拖拉机配套农具 226.20 万部，增长 89.77%。

（二）农业生产效率大幅提高

现代农业技术体系促进我国农业生产效率的提高，具体表现在以下几个方面。在种植业上，超级稻的研究与推广成效显著，育成了 28 个超级稻新品种，累计推广 2 亿亩，增产稻谷 250 亿 kg，其中 10 个品种百亩连片亩产超 800kg；小麦品种不断改良更新，单产增长 20%以上；玉米杂交新品种、新组合 6 000 多个，粮、棉等主要作物品种在全国范围内更换了 5~6 次，每次更换增产 10%以上。目前，育成 46 个转基因抗虫棉新品种，累计推广面积超过 1.27 亿亩。我国肉类、禽蛋和水产品总产量均居世界首位，科技在畜牧业、水产业增长中的贡献率均超过 50%。

（三）农业综合生产能力不断增强

农产品的供给能力持续提高，粮食等主要农产品产量和人均占有量大幅提高，实现了由长期短缺向总量平衡、丰年有余的历史性跨越，有力保障了国家的粮食安全。1949—2008 年，我国粮食总产量由 11 318 万 t 增加到 52 871 万 t，粮食、蔬菜、水果、肉类、水产品等主要农产品产量连续多年居世界第一，人均主要农产品占有量也远超世界平均水平，用世界 7%的耕地成功解决了 21%人口的吃饭问题。在粮食生产迅速发展的同时，棉花、油料、糖料和园艺产品等经济作物生产也实现了协调发展。2008 年全国棉花总产量达到 750 万 t，比 1949 年的 44 万 t 增长了 16 倍；油料作物总产量 2 950 万 t，糖料作物总产量 13 000 万 t，分别比 1949 年增长 10.5 倍和 46.3 倍。蔬菜、水果、茶叶、花卉等园艺产品生产快速发展，成为农民增收的重要增长点。

（四）农民收入稳步提高

2010 年底我国农业产业化经营组织总数已达 11.4 万个，各类产业化组织固定资产总额为 8 099 亿元，龙头企业、中介组织销售收入分别为 14 261 亿元和 2 108 亿元，专业市

---

* 亩为非法定计量单位，1 亩＝1/15hm²。——编者注

场完成交易额 8 661 亿元，带动农户达 8 454 万户，平均每户从事产业化经营增收 1 200 元，带动种植面积达 7 亿亩，带动牲畜饲养量达 6.7 亿头，带动禽类饲养量达 70 亿只，带动养殖水面达 5 000 万亩。由此带来的收入不断增长，为改善农村居民生活提供了坚实基础，年均收入水平显著提高（表 1-1）。1978—2007 年，农村居民的消费水平显著提高，人均生活消费支出由 116 元提高到 3 224 元；消费结构不断优化和升级，恩格尔系数从 1978 年的 67.7% 下降到 2007 年的 43.1%。

表 1-1 农村居民年均收入统计（元）

（引自 2013 年中国统计年鉴）

年份	工资性收入	家庭经营收入	财产性收入	转移性收入	合计
1990	138.80	815.79	35.79		990.38
1995	353.70	1 877.42	40.98	65.77	2 337.87
2000	702.30	2 251.28	45.04	147.59	3 146.21
2008	1 853.73	4 302.08	148.08	396.79	6 700.69
2009	2 061.25	4 404.01	167.20	483.12	7 115.57
2010	2 431.05	4 937.48	202.25	548.74	8 119.51
2011	2 963.43	5 939.79	228.57	701.35	9 833.14
2012	3 447.46	6 460.97	249.05	833.18	10 990.67

三、农业发展存在的问题

现代农业在取得了举世瞩目的成就同时，也产生了一系列重要的问题，如资源紧缺、生态破坏、环境退化等。如何解决这些问题，实现农业从石油农业生产方式向生态农业生产方式的转变，是农业可持续的关键。下面以我国为例，列举现代农业发展存在的问题。

（一）农业生产资源短缺

人口多、耕地少，是我国的基本国情。随着我国经济的快速发展，工业化、城镇化步伐加快，耕地面积不断减少，尤其是近几年更为明显。据统计，1996 年我国耕地面积为 19.51 亿亩，2003 年下降到 18.51 亿亩，短短 7 年时间下降了 1 亿亩。2004 年我国耕地面积为 18.37 亿亩，比 2003 年耕地净减少 1 400 万亩，人均耕地面积下降为 1.41 亩，仅为世界人均数的 1/4。且我国耕地面积分布极不平衡，62% 的耕地分布在水资源不足全国 20% 的淮河流域及以北地区，水资源充足的长江流域及以南地区耕地仅占 38%。虽然全国耕地后备资源总潜力为 2.01 亿亩，但 60% 以上分布在水资源不足、水土流失、沙化及盐碱化严重的西北部地区，且交通不便。近几年片面追求经济利益，将良田改种果树等经济林木或毁田养鱼等，加剧了耕地面积减少。我国淡水资源不足，目前人均水资源量约为 2 200 m^3，仅为世界人均水资源量的 25% 左右，排名第 110 位，被列为人均水资源贫乏的 13 个国家之一，且水资源分布不均。全国 669 座城市中有 400 余座城市供水不足，其中缺水较严重的有 110 座。全国每年城镇缺水 200 亿 m^3 以上，农业缺水 300 亿 m^3。农村有 2 000 万人口饮水困难，水资源的短缺使农田灌溉得不到保障。

土地资源、水资源的短缺，使我国现代农业的发展受到严重制约，加大了粮食及农产品供给的压力。同时，我国的土地资源利用率、土地产出率较低。近两年来，我国粮食连续大丰收，粮食增产 500 多亿 kg，尽管如此，目前国内粮食生产仍然是供不应求，产需之间仍有很大的缺口。因此，提高土地资源利用率和土地产出率尤为重要。

（二）农业生态环境恶化

我国工业化和城市化的快速推进使农业资源利用的空间缩小，加之农业自身的粗放式经营，致使我国农业生产的资源性矛盾越发突出，农业生态环境不断恶化。一是工业"三废"引发的环境污染严重，且有蔓延扩大的趋势，导致农村的环境越来越差。二是农业自身造成的土地及水资源污染日趋严重。生产中滥用和过量使用化肥和农药，不仅增加生产成本，还会污染地下水、湖泊、河流。此外，农业废弃物如农膜、秸秆、畜禽粪便等污染也呈现加剧趋势。三是全球气候变暖、天气灾害增多，自然环境、生态环境破坏严重，造成天气炎热、干旱少雨、土地沙化严重。目前全国干旱、半干旱地区占300 万 km²，其中沙化面积有 170 万 km²，占全国土地面积的 17%。由于土地沙化严重，我国西北、华北、华中地区每年春季不同程度地遭受沙尘暴的袭击并影响到周边地区，严重影响着我国农业生产和耕地资源的保有量。生态环境的持续恶化已成为我国农业面临的严重问题，每年受灾面积都在 8 亿亩左右（占全部农作物种植面积的 1/3 以上），灾害造成的粮食损失达 400 亿 kg，经济损失 600 亿元。

（三）农业生物多样性严重降低

许多以提高产量为目的而采取的现代集约化做法已经导致农业系统和生物多样性组成部分的简化，导致生态系统不稳定。这些实践包括种植单一农作物，致使作物多样性减少和轮作逐渐消失；利用高产品种和杂交品种，致使传统品种和多样性丧失；并且施用大量的无机化肥，使土壤微生物数量减少，活性降低；利用化学品（除草剂、杀虫剂和杀菌剂）来清除杂草和防治病虫害，使害虫天敌减少。为了适应大规模农业生产的需要而对土地和生活环境进行改变，包括改变土地的排水系统和转变湿地用途；为了统一耕作景观，致使灌木丛、植林地和湿地等自然环境面积减少，从而扩大生产单位规模以便进行大规模的机械化生产，这种做法也致使生物多样性和生态系统服务减少。

1. 生境丧失、退化与破碎化　生境丧失、退化与破碎化，是导致农业生物物种多样性丧失的一个重要原因。长期的过垦、过牧，不合时宜的耕作管理，导致农用土地退化。土壤被损毁，以及单家独户的农业分散经营，加上土地退化和非农业占用，导致了农业生态景观破碎，农田块段分割，不利于农业生产的统一管理，破坏了农业生态系统的完整性和连续性。农田景观的斑块化和过于破碎化、狭小化，致使某些物种需要的生存空间和食物资源减少，而且不利于物种的交流与繁殖，结果势必导致生物多样性地降低。

2. 单一化的栽培和驯养　长期的人工栽培和驯化，人为地选择具有较高生产力但物种数量极其有限的农作物和家禽家畜品种，许多与之有亲缘关系的野生动植物则被人类淘汰或破坏，造成遗传基因与种质资源的丢失，使农业物种单一化程度增高（图 1-1）。农作物物种单一化栽培与驯养，将会导致某些农业物种的专化性增强，对病虫害的防御能力和对环境变化的适应能力减弱。

3. 外来物种的引进或入侵　相比而言，农业生态系统是一类较为脆弱的生态系统，

图 1-1 大面积单一化栽培

（仿 Gliessman，2013）

许多外来物种通常具有较强的生存与繁殖能力，而农作物和家养动物则由于长期的栽培与驯化，许多原有的天然野生特性消失，抗逆能力下降，不适应在恶劣的环境下生存。因此，当它们与外来物种共生时，大多数农业物种往往因竞争力差，其所需的资源和空间逐渐萎缩而被淘汰，一些外来物种则可能过度繁殖，占据整个农田生态系统。

4. 农业环境的污染 农业污染分布广，且多为复合污染，这种全方位的污染可导致农作物的生理与生长过程受阻，发育迟缓，生产力下降甚至死亡。由于工业"三废"和生活污水的肆意排放，以及农用化学制剂的大量施用，一些地区的土壤受到不同程度的污染，土壤、水体与大气污染问题十分突出。人们对传统农业的意义和作用认识不足，过量地施用化肥，而忽视有机肥的作用，导致土壤肥力逐渐降低。一些化学农药的施用，对许多有益的昆虫和天敌生物也产生了致命的影响（图 1-2）。

图 1-2 施用农药化肥

（仿 Gliessman，2013）

5. 过度开发 过度开发表现在对林地的过度砍伐，对草地的过度开垦，对农田野生鸟类的过度捕猎，对一些农业昆虫过度采集、对经济鱼类过度捕捞等。这些活动不仅可直接造成物种的减少和消失，而且给整个农业生态系统的平衡和稳定也带来了较大威胁。农业的机械化，不是根据最佳的耕作制度来设计，而是采用简化耕作制度来适应已有的机械（图 1-3）。

图 1-3 大型机械化耕作
（仿 Gliessman，2013）

6. 农业科学研究不全面，资金投入不足 在农业科研和资金分配方面，大多集中于新技术应用增多的少数重要作物上，却对适应于本地环境、有可持续发展能力的传统作物重视不够。现代化农业所必需的品种培育、水肥管理和病虫害防治设施的要求与管理费用都较高，还需要采取必要的环境保护措施，才能建成完整的体系。如果投入不足，某些环节就可能得不到满足，就达不到预期的目的，相反却破坏了原来依靠低投入就能维护的耕作制度。

四、农业发展的对策

目前，我国农业正处于从传统农业向现代农业转变的关键时期。面对工业化和城镇化的巨大需求，面对资源和环境的双重约束，只有严格实行耕地保护制度、加强生态环境保护和治理、加强农业科技投入和农业新科技的推广力度，才能突破资源和环境的瓶颈制约，提高土地产出率和资源利用率，生产出量大质优、安全健康的农产品，发挥农业的多种功能，保证农民收入增加。

（一）严格保护耕地，确保农产品综合生产能力

耕地是保障我国粮食及农产品综合生产能力最为重要的因素，保护耕地就是保护我们的生命线，就是保证粮食生产能力。没有足够数量的耕地面积，就不能保证足够的粮食生

产能力。在我国耕地数量减少和质量下降问题短期内难以扭转的情况下，必须树立保护耕地资源就是保护农业发展的观念，必须采取严格的措施来保护耕地，以稳定粮食作物播种面积、增加粮食产量。要建立严格的基本农田保护责任制，控制基本农田转为非农用地，建立基本农田占补平衡机制，并加大土地开发整理力度，努力实现耕地总量的动态平衡，确保基本农田数量不减少和质量稳步提高。要推进土地集约利用。为能够生产足够的粮食，满足日益增长的人口需要，一方面要在气候条件允许和技术条件成熟地区，将适合耕作的土地实行双作或三作，以提高土地的利用率和综合效益；另一方面要加快农业科技进步，加大农业新技术推广力度，提高单产水平。耕地和淡水是我国最为紧缺的资源，节约耕地和淡水资源是建设现代农业、节约型农业的重点。

（二）加强环境污染治理，注重农业生物多样性

发展现代农业，生产出产量高、无污染、安全、优质、营养的农产品，实现我国农业的可持续发展，都对农业生态环境有严格要求。然而，生态环境的恶化已经成为影响我国农业可持续发展的严重问题，并且严重制约着我国的经济发展。在生态环境保护方面，政府已意识到生态环境对农业发展的巨大作用，意识到破坏生态环境对国家经济和农业发展的严重影响。因此，国家加大了生态环境保护和污染治理的投资力度，制定了许多相关政策和采取了许多措施。当前，要着重解决盲目和过量使用农药的问题，大力推广节约型施药技术，推广应用高效低毒、低残留、强选择性的农药，利用农艺、物理、生物、生态等综合防治手段控制病虫害。要大力推广测土配方施肥技术，既增产，又省肥，还可减少污染。即按照土壤养分状况、作物需肥规律和肥料效应，合理选用肥料品种，确定施肥数量，优化施肥结构，改进施肥方法，促进化肥施用由通用型复合肥向专用型配方肥转变，鼓励施用有机肥，达到保护生态的目的。我国一些地区实行间作、套作、混作、轮作，施用粪肥、厩肥、绿肥，采用生物技术防治病虫害，充分利用土地资源，精耕细作等农业生产方式，既保证了土地资源的可持续利用，提高了土地利用率，又促进了农业的长期可持续发展，是值得总结和推广的一种绿色、环保的生产方式。

（三）加快农业科技发展，大力推广农业新技术

现代农业的转型，必须利用科学技术构建新的农业技术体系。加快农业新品种、新技术、新设备的研发及应用步伐，提升农业科技的自主创新能力。因此，要根据实际生产需要研制和推广各种农业机械，以及与小规模生产相适应的中小型农机具，不断优化农业机械装备结构，大力推进农业机械化，提高重要农时、重要农作物、关键生产环节和粮食主产区的机械化作业水平，提高农业的劳动生产率。针对农业生产的迫切需要，加快农作物和畜禽良种繁育、动植物疫病防控、节约资源和防治污染技术的研发、推广。要十分重视农业的可持续发展问题。借鉴和吸收世界上先进国家的可持续农业发展模式，结合我国的实际，制定切实可行的措施，走出一条资源节约型、环境友好型的可持续农业发展道路。

第二节 农业生态学的诞生与发展

一、农业生态学的诞生与发展历史

农业生态学（agroecology）自诞生以来经历了起始阶段（20 世纪 30—60 年代）、扩展阶段（20世纪70—80年代）、完善与巩固阶段（20世纪90年代至21世纪）和研究与应用阶段（21世纪以后）这4个发展阶段，研究范畴正向宏观和微观两个方向发展，研究水平也从定性描述向定量机理性发展，研究内容则紧紧围绕人类紧密相关的农业生物多样性重建、保护与利用，食物系统的能量流动、物质流动和价值流动形成的生态经济学原理与运行机制等展开，因此，农业生态学已成为一门联系农业科学、社会科学和生态科学的桥梁科学。

农业生态学一词最早可见于1928年俄罗斯农学家Bensin撰写的论文。他认为生态学方法在农作物研究中的应用就是农业生态学。20世纪50—60年代，德国动物学家Tischle应用农业生态学研究在特定环境中的害虫管理问题，分析了土壤生物学、昆虫种群互作和农业景观，以及非栽培生境中的植物保护等问题。1965年他首次出版了以农业生态学为题的专著，分析了农业生态系统内不同组分包括植物、动物、土壤、气候及其互作和人类农业管理对这些组分的影响，强调了生态学，特别是农田或农业生态系统水平上的生物互作与农业管理的结合，可算是一本农业生态学最早的教科书。在此期间，意大利科学家Azzi也引用了agricultural ecology一词，并把它定义为研究环境、气候、土壤的物理特性以及与农作物发育、质量的关系，但没有涉及病虫害方面。法国农学家Henin尽管没有提到农业生态学一词，但他把农学（agronomy）定义为生态学在植物生产和农业耕地管理中的应用。显然，这一概念实际上与Bensin所定义的农业生态学相差无几。

进入20世纪70年代，工业革命催生了无机农业，并迎来了第一次以矮化高产育种为主要内容的绿色革命，促进了农业集约化和专业化的发展，大大提高了劳动生产率和土地生产率，极大地缓和了人口增长对粮食需求的压力，但也给农业带来了许多新的问题。一方面品种推广单一化带来了农业生态系统生物多样性下降，系统功能脆弱，作物抵抗逆境胁迫能力下降，容易引起病虫害猖獗，造成农药使用量加大，生产成本增加，环境污染严重；另一方面，采用作物集约化生产技术，高产需要高投入，若管理不当，造成生产越多，投入越多，污染也越重，陷入恶性循环。据了解，美国31个州存在化肥污染地下水的问题，农村饮用水中63%被农药污染，每年流失的土壤高达31亿t，由土壤流失造成的直接和间接经济损失每年超过400亿美元。我国农业机械化程度虽不如发达国家，但化肥农药使用量却超过发达国家。根据2 214个申请保护品种、200个主要推广品种、71个超级稻品种的系谱来源分子标记测定，我国主产区籼稻品种间的最大遗传相似性达到99.8%，亲缘关系很近，遗传背景非常狭窄。目前生产上种植的杂交水稻的不育系绝大部分是"野败型"，而恢复系大部分为从国际水稻所引进的IR系统，可见品种单一化和遗传多样性退化问题在我国也十分严重，因此农业生态系统功能也十分脆弱，病虫草害危害严重，农药化肥使用量大，利用率不高，使用效果差，严重污染环境，影响产品质量。据报道，近20年我国受重金属污染的农田面积增加了14.6%，已近2 000万hm²，占总耕地面积的1/6。农业农村部发布的全国污灌区调查结果表明，在约140万hm²的污灌区中，受到重金属污染的土地面积约占污水灌溉总面积的64.8%，其中轻度污染的占46.7%，中度污染的占9.7%，重度污染的占8.4%。人们开始反思这种西方发达国家所推崇的石油农业。这时的农业生态学所关注的问题不单单是聚焦农作物与自然环境的生态学关系的农学问题，而是拓展到具有环境科学性质的生态学问题，研究的内涵与外延都发生了相应的变化。

进入 20 世纪 90 年代，农业生态学思想得到迅速发展，出版了许多新的农业生态学书籍。比较有影响的要算是 Altieri 所著的《农业生态学：可持续农业科学》，Gliessman 所著的《农业生态学：可持续农业的生态学过程》和《农业生态学：可持续食物系统的生态学》。Altieri 在他的书中把农业生态学定义为生态学原理和方法在可持续农业生态系统设计与管理中的应用科学，也是提供了合理评价农业生态系统复杂性的理论基础。Gliessman 发展了 Altieri 的农业生态学概念，即把农业生态学定义为应用生态学原理和方法设计与管理可持续食物系统的科学。显然，这一时期的农业生态学研究对象和系统边界已由以往的一块农田发展到整个农业生态系统乃至涉及全球食物生产、分布和消费网络的食物系统，探讨的问题涉及生态学、经济学和社会科学各个层面。Francis 等甚至认为农业生态学就是食物系统的生态学，强调了生态学原理及系统思想在农业生态学中的重要作用。他认为农业生态学对农业和食物生产所阐述的广度和深度远远超过了该领域对新技术的简单应用。因此农业生态学已发展成为联系农学与生态学、社会科学的桥梁。

20 世纪 70 年代末至 80 年代初，农业生态系统思想开始引入我国，此时，不少学者研究并分析了农业存在问题的各种历史起因，反思了石油农业的功过是非，由此产生了旨在克服石油农业石油特征的各种更替农业思潮，促进了农业生态学的研究与应用。1986 年吴志强出版了《农业生态基础》一书，提出了农业生态学是根据生态学的基本原理，应用系统分析方法研究农业生态系统结构与功能，以获得最大系统生产力和最佳生态效果的综合性科学。该书全面接受 Odum 的生态系统思想，较为系统地分析了农业生物及其与环境的关系，提出了提高农业生态系统生产力的途径与措施，是我国最早出版农业生态系统思想的教科书。1987 年，骆世明等出版了《农业生态学》一书，提出农业生态学是应用生态学和系统论的原理和方法，把农业生物与其自然和社会环境作为一个整体，研究其中的相互联系、协同演变、调节控制和持续发展规律的科学，首次比较完整地阐明了农业生态学的概念与内涵，成为我国较有影响的教科书之一，对于促进农业生态学的人才培养和科学研究起到重要作用（图 1-4）。

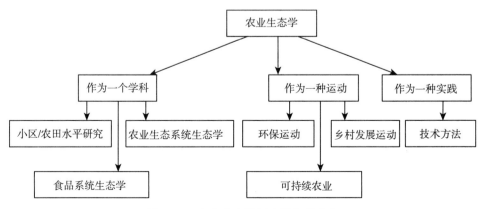

图 1-4 农业生态学概念的各种含义

(引自骆世明，2013)

21世纪以来，农业生态学也进入快速发展时期，学术思想活跃，研究视野从宏观向微观发展，研究手段先进，发表的高水平论文增多，研究成果显著，农业生态学已发展成为人们普遍关注的学科。从宏观层次上讲，现代农业生态学正从以往的宏观农业生物学层面逐步深入到"三农"的社会学层面，研究水平从以往关注农业生态系统结构与功能的关系逐步发展到人们普遍关心的作为全球食物生产、分布和消费网络的食物系统，即从生态经济学角度研究农业生态系统能量流、物质流形成与运转对经济社会发展的影响以及社会政策法规对食物系统的调控作用。也就是说，现代农业生态学越来越重视人类社会生态觉醒对保护农业生态系统环境，促进无污染生产及市场营销发展的重要作用。因此，在当代西方国家，许多农业生态学工作者十分重视通过各种社区运动或行动来促进政府、生产部门、销售部门以及相关管理部门接受农业生态学思想，自觉按照生态规律办事，保证食物生产系统健康高效运行，涉及科学理论研究、实验示范推广、各种联盟运动推进、社会公众自觉参与等全过程，这已成为现代农业生态学教学科研和生产实践的重要内容。从微观层次讲，现代农业生态学正进入分子农业生态学时代，它借助现代生物学的发展成就，运用系统生物学的理论与技术，深入研究农业生态系统结构与功能的关系及其分子生态学机制。特别是随着现代生物技术的不断完善，环境（宏）基因组学、蛋白组学技术的问世，极大地推进了人们对未知生物世界的认知，尤其是对生物多样性和基因多样性的深层次剖析，使得农业生态学能从分子水平上深入研究系统演化的过程与机制，促进从定性半定量描述向定量和机理性研究推进，体现了现代农业生态学的时代特征和发展新思维（图1-5）。

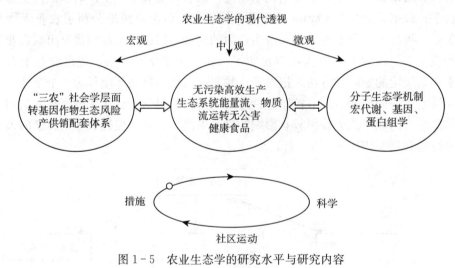

图1-5　农业生态学的研究水平与研究内容

（引自林文雄，2013）

二、农业生态学研究的新视野

从农业生态学的概念与内涵看，农业生态学是农业实现可持续发展的理论依据与技术支撑。从研究的对象和边界看，20世纪70—80年代农业生态学主要聚焦于一个小区或一块农田甚至整个农场的农业生物及其与自然环境的关系，20世纪80年代至21世纪初农业生态学则更加关注景观农业生态系统乃至整个生产和食物系统的生态学问题。进入 21 世纪初，农业生态学超越了农田或农场的具体空间界限，扩展到多维的食物系统，强调应用多学科综合的系统分析方法，开展了食物生产、加工、市场、经济和政策决策以及消费者生活习惯等方面的综合研究。因此在西方，有一些学派认为农业生态学是一门科学，它强调研究如何实现和保持农业生态系统或食物系统可持续发展的原理与技术，也有一些学派认为农业生态学是生态学原理在农业中的应用或是实现农业可持续发展的政策主张或技术行动，旨在恢复或保持农业生态系统健康运行，实现可持续发展。但不管是采用何种研究途径，他们的共同点就是通过研究、比较和应用自然生态系统的复杂性和持续性的原理和方法进行可持续农业生态系统的设计，并通过制度改革、政策宣传、市场调控、消费引导、意识树立等群众运动和社区行动等过程进行农业生态系统的服务与管理，保证系统的可持续性。然而，Clements 等指出当前推行的作物生产技术无法实现在不失农业生态系统的生物学复杂性的同时，满足整个世界对食物的需求而不危及生命支持系统的可持续性。对此他强调，农业生态学家们应重视采纳一个关键策略，那就是通过系统研究和认真比较农业生态系统和自然生态系统的结构与功能，并把自然生态系统的优良特性综合应用于农业实践上，通过这一过程，传统农学就可以提升改造为现代农业生态学。因此，就这个意义上讲，现代农业就是应用生态学或生态农业，也可以说是食物系统生态学，体现了现代农业的生态学新思维，这也是现代农业的发展趋势与基本特征。

（一）现代农业的思维哲学观

现代农业是用生态学原理和技术提升的环境健全、经济可行和社会接受的可持续农业（sustainable agriculture），这种定位有别于常规农业或石油农业，它强调生态文明、经济文明和社会文明的高度统一，重视综合应用生物学知识和新文化理念设计和管理农业生态系统。已如上述，20 世纪 60 年代第一次绿色革命席卷全球，当时由于采用高产品种、机械灌溉、化肥农药以及现代管理技术，据估计从 1996—2000 年，发展中国家的农民多生产出了 8~22 亿 t 粮食，挽救了约 10 亿处于饥饿状态的人口。采用这种集约化的作物生产技术既可以提高粮食生产能力，减少营养不良人口，又能避免过度开发，有效保护自然资源，从而驱动了农业和农村的发展。但获得这些成就是要付出沉重代价的。许多国家由于长期集约耕作，造成肥沃土壤表层变薄，地力衰退，地下水资源耗竭，病虫草害猖獗，生物多样性降低，环境及产品污染严重，以至不少人质疑地球上究竟还有多少净土，我们还能生产出多少放心食品？但我们别无选择，只有不断提高生产集约化水平，才能面对人口日益增长的现实（据估计到 2050 年全球人口将达 92 亿），避免陷入严重的恶性循环之中。然而，现行这种集约化作物生产技术范例满足不了新千年的挑战。为了实现可持续增长，农业必须强调发展模式转型，即应走低耗费、高产出、少污染、可持续之路，这是现代农业新的哲学范式。以往集约化生产，背后蕴含着严重的资源浪费与环境污染，显然是不可持续的。据报道，南非的农民们采用少耕免耕法、禾谷类作物与豆科作物轮作、间作、套作等简单的保护性农业技术，并结合精准定位（precision placement）给水给肥和科学病虫防治等田间栽培管理技术，不仅使玉米的营养吸收量提高了 2 倍，产量提高了 6 倍，而且化肥农药使用量大幅降低，水分使用量下降 30%，能量消耗减少高达 60%，与

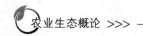
常规农业形成了鲜明对比。因此联合国粮食及农业组织（FAO）专家呼吁采用保护性农业（conversion agriculture，CA），建立健康稳定的农业生态系统，完全能够使发展中国家大约 25 亿低收入农民家庭实现高产并保证有足够的储蓄用于健康与教育费用。

（二）现代农业的生态整体性

现代农业是应用生态学原理与技术设计和管理的可持续农业。因此如何合理设计和科学管理农业生态系统，以实现食物系统的可持续发展，是现代农业研究的重要内容。随着人类对自然资源消耗的持续增加，恢复退化的农业生态系统并科学管理和有效利用自然资源受到普遍关注。人们逐渐认识到常规农业片面追求持续最大产量的观点是不科学的，只有树立和坚持农业生态系统功能的可持续性才是现代农业所追求的目标。因此，必须重视和加强农业生态系统的科学管理，应把农业生态系统作为整体，彻底转变资源利用方式，加强系统要素的科学管理，促进从单一资源管理的传统方式向多元资源管理的现代经营方式转变，保证体现生态系统的整体性功能。Bohlen 把生态系统管理定义为："调节生态系统的内部结构和功能，特别是输入和输出实现社会所期望的状态"，即强调在维持人类文明的同时，保持自然多样性和景观生产力。要达到这一目的，就要对农业生态系统进行总体思考、综合利用和科学管理，而不是对农业自然资源的简单利用。要清醒地认识到农业自然资源是构成农业生态系统的重要因素，农业资源的可持续利用是农业实现可持续发展的重要途径。因此，在进行现代农业的设计与实践中，必须充分认识资源的有限性和可更新性特点，合理开发与利用农业自然资源，做到增长与保护同步，体现现代农业的生态整体性特色。现代农业的生态整体性的内涵主要包括：

1. 人与自然的协调性　在特定的区域环境中，人与自然的关系密不可分，他们共同构成了一定规模尺度的区域农业生态系统，即共同存在于同一个生态整体中，这一点与我国传统的"天人合一"自然哲学思想相一致。这就要求我们在实施现代农业系统管理时，必须兼顾人与自然的协调发展，即必须根据资源的可更新性，按照资源可承载能力，合理控制人口增长，科学开发与利用自然资源，并实行增长与保护同步政策，保证人与自然健康协调发展。

2. 生物与非生物因素的统一共存性　在进行现代农业的生态系统管理实践中，必须认识到任何农业生态系统都是由多种生物和非生物因子相互作用、互相联系形成的有机整体，该系统会在特定环境条件下充分体现其特有的组成、结构和功能。因此，必须重视农业生态系统中任何一个组成部分，否则，必然会割裂系统内各组分的有机联系，从而破坏农业生态系统的完整性，最终导致系统功能的不可持续。

3. 系统发展的阶段性　因为农业生态系统是个有生命的复杂系统，其系统形成与发生发展存在明显的阶段性特征。任何一个农业生态学系统都是不断发展变化的，在每一个时间节点上，农业生态系统的现状都是发展变化过程中的阶段性反映，是农业生态系统在特定时空条件下的暂时结果，但不是系统功能的最终体现。因此，在现代农业的实践中，只有坚持农业生态系统的动态发展观点，才能够把握好系统的生态整体性内涵，达到科学管理和合理利用农业生态系统的目的。

4. 三大效益的统一性　现代农业的生态系统管理不仅突出农业自然资源的生态服务功能，而且也强调对人类社会的利用价值，包括产品功能、文化价值、旅游功能等。必须清醒地认识到，人类作为农业生态系统的管理主体，必然会带有主观色彩，对农业生态系统进行物质索取是其目的之一。但是，也要求人类利用科学研究成果，在开发利用自然资源的同时做出最小损害农业生态系统整体性的管理选择，实现系统生态、经济和社会三大效益的高度统一。

5. 系统内各管理主体的高度协作性 由于农业生态系统管理最终还是由政府、组织、个人等各种类型的主体来实施的，因此必然要体现出各管理主体的管理水平和意志，而不同主体间的差异往往很大，有时甚至在管理的要求、目的等方面大相径庭，因此只有保证各主体间的高度协作，才能体现系统的生态整体性功能，否则必然导致农业生态系统管理的失败，这是西方发达国家对石油农业实践与反思后所形成的现代农业系统管理的重要整体性原则。

(三) 现代农业的景观重要性

农业景观是指农田与非耕地（草地、防护林地、树篱、居民点、设施温棚及道路等）多种景观斑块的复杂镶嵌，包括了尺度、空间格局和镶嵌动态（图 1-6）。常规农业的一个重要特征就是人类对农业生态系统的干扰强度不断增加，严重破坏了农业景观的结构多样性和生物多样性。大规模的农作物单一化、集约化的农业经营方式必然导致农业生境的破碎化，使得作物和非作物生境变成一种相对离散化的生境类型和镶嵌的景观格局，大大减少了农业景观的复杂性。已有研究结果表明生境破碎化不仅会减少某些物种特别是自然天敌种群的丰度，还会影响物种之间的相互关系及生物群落的多样性和稳定性。

图 1-6 多种景观斑块构成的农田生态系统

(仿 Gliessman，2013)

近年来，国内外十分重视农业景观变化及生境破碎化对害虫生物防治和害虫与天敌关系的影响。在检验农田生态系统害虫治理的有效性和持续性时，大尺度农田景观结构及其生境类型对于害虫生态防治非常重要。农业景观的结构变化和系统内生物多样性的丧失，会引起农业生态系统服务功能的严重弱化甚至损失，不利于实施以保护自然天敌为主的害虫生态控制（图1-7）。非作物生境类型如田块边缘区、休耕地和草地等，是一种比较稳定的异质化环境，可以为捕食性和寄生性节肢动物提供越冬或避难场所和适宜的花粉、花蜜等资源，以及其他替代物。因此，非作物生境有利于自然天敌的栖息和繁衍，也有利于它们迁入邻近的作物生境中，对害虫起到调节和控制作用。景观的格局、尺度影响农田生物群落物种丰富度、多度、多样性以及害虫与天敌之间的相互作用。从区域农业景观系统的角度出发，运用景观生态学的理论和方法来研究作物、害虫、天敌等组分在不同斑块之间的转移过程和变化规律，揭示害虫在较大尺度和具有异质性空间范围内的灾变机理，可为利用农业景观多样性来保护农田自然天敌，实施害虫的区域性生态控制提供新的研究思路和手段。比如近年来南非大面积推广的"作物推-拉系统"（图1-8），便是通过建立农业景观和生物多样性来进行科学的害虫防控工作，并取得成效。这是现代农业实施可持续保护性农业技术的重要理论依据。

图1-8　农田生态系统水平上的"作物推-拉系统"示意
（引自林文雄，2013）

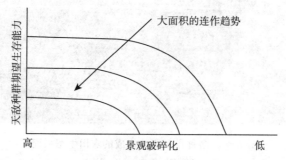

图1-7　不同规模和人工化水平的农业生态系统景观破碎化对天敌种群期望生存能力的影响
（引自林文雄，2013）

（四）现代农业的生物多样性

生物多样性指存在于农业生态系统中所有动物、植物和微生物及其相互作用的总称。

越来越多的研究结果表明，农业生态系统内部功能的调节水平很大程度上依赖于系统内现存的动植物和微生物的多样性水平。在农业生态系统中，生物多样性的意义远远超越了食物生产本身，特别在农业生态系统的生态服务功能，包括营养循环、微气候调节和局部水温变化、抑制不良微生物和消减有毒物质的影响等方面是需要通过系统内生物多样性的维持来实现的。显然，农业生态系统的生态服务是一个复杂的生物学过程，体现其可更新又可持续的生态学特性，因此，系统中生物多样性的降低或品种资源布局的单一化必然会导致这一自然服务功能的削弱甚至丧失。大量的研究和实践证明，常规农业依靠大面积推广单一化品种，形成单一化作物品种布局，并强调以高浓度化肥、高剂量农药投入的集约化生产方式，是造成农业生态系统结构简单、物种多样性降低、生物互作关系脆弱、自动调节能力下降，病虫草害频频发生和严重流行以及农业生态系统陷入恶性循环的根本原因。据统计，世界上如此广袤的农业景观大约被 12 种粮食作物品种、23 种蔬菜作物品种和 35 种果树或坚果树等经济作物品种所覆盖着，即不大于 70 个植物种类分布在世界范围内大约 14.4 亿 hm² 的耕地上，与热带雨林中每公顷含有大于 100 个植物种类的植物多样性相比，形成了反差。在遗传多样性方面，常规农业更是依赖少数几个作物品种。据报道，美国 60%～70% 的大豆种植面积是由 2～3 个品种分享的，73% 的马铃薯种植面积是由 4 个品种占领着，而 3 个高产棉花品种也覆盖其 53% 的总种植面积，由此可见品种单一化问题的严重性。然而，人们不以为然，在农业生产实践中，品种单一化推广并非视为问题而是作为一项劣汰优胜的农业增产措施备受推崇。更有甚者，在进行农业区域化布局中，往往是依据优势产业特色，设计并建立颇具规模的各类生产基地、专业科技园区。集约化、专业化、规模化的设施农业生产方式等被大规模应用，并已成为常规农业向现代农业转化和产业化发展的重要标志。在美国等一些发达国家目前已形成的棉花带、玉米带、畜牧带等区域化农业生产格局正引领着世界农业的发展潮流和走向。然而，正当人们满足并陶醉于常规农业的高新技术、先进生产方式和高农业生产率而漠视单一化所致的诸多问题和潜伏的隐患之时，世界农业的危机却已悄然而至，生物多样性和生态平衡遭到破坏，病虫草鼠害频发且逐年加重，化肥农药用量直线攀升，农业环境和农产品质量安全问题凸现，农业可持续发展受到空前严重的威胁和挑战。因此，如何正确处理生物多样性与农业产业化的关系，实现农作物、农业有益生物种群和有害生物种群三者间的生态平衡，成为当今世界农业的战略性课题，也是农业可持续发展无法回避的现实难题。任何以破坏农业生物多样性和危害农业生态系统结构与功能为代价的农业发展模式，都是不可取的，也是不可持续的。所以，提高和维持农业生态系统中生物多样性，并营造一种良好的生态环境，使系统中各级营养层次和食物链（food chain）维持在一种高级平衡的状态，保证系统功能的正常运转是国内外农业科学家和农业生态学家不懈追求的目标。现已证明，利用不同作物种类、不同品种的合理搭配和间套作来控制病虫草害的发生，提高作物的产量是非常有效的方法。但是，必须指出，不同农业生态系统的生物多样性组成与结构功能特点差异明显。一般地说，农业生态系统的生物多样性程度取决于系统自身的 4 个基本特性。一是在系统内外植被多样性程度，二是在农业生态系统内不同作物的永久性，三是农业生态系统的管理水平及其强度，四是农业生态系统与自然植被相隔离的程度。Swift

等根据农业生态系统中生物多样性组分在种植制度中所发挥的功能作用划分为 3 种。①生产性生物组分，是由农民选择，对农业生态系统多样性和复杂性起决定性作用的农作物、果树和动物。②资源性生物组分（resource biota），即通过授粉、生物控制和生物降解生态生物过程对农业生态系统生产力起作用的生物。③消极性生物组分（destructive biota），如杂草、害虫、病原菌等。在现代农业实践中，农民往往根据各组分的功能，通过栽培管理措施加以促控（图 1-9）。Vandermeer 等还把上述各生物组分简单归为两类：第一类为计划内生物多样性（planned biodiversity），在农业生态系统中发挥的功能作用与生产性生物组分相同，其组成结构与功能作用取决于农民的投入意愿和管理水平；第二类为关联性生物多样性（associated biodiversity），包括所有土壤中的动植物、农业生态系统中的草食动物、肉食动物和分解者，显然与上述的资源性生物组分和消极性生物组分功能相似。图 1-10 说明了在农业生态系统中这两类组分的功能生态学关系。计划内生物多样性不仅有直接的系统功能，而且还具有通过影响关联性生物多样性而起作用的间接系统功能。比如，树在农林复合系统中创造了阴凉的环境，使得耐阴作物（sun-intolerant crops）能够生长，黄蜂（wasps）又从树花采集花粉和蜜汁，有利于自身的生存与发育，而这些黄蜂又是作物害虫的自然拟寄生物（parasitoids）。因此，黄蜂是农林系统中关联性生物多样性的一部分，树创造阴凉环境并吸引黄蜂。显然，确保农业生态系统的生态服务功能正常健康运行，关键是鉴定好值得维持和增强的生物多样性类型，然后才能确定和设计最好的措施，以促进系统内生物多样性各组分按理想方向发展。实践上，农业措施和农业系统设计都可以有效促进或降低系统内的功能多样性（图 1-10）。

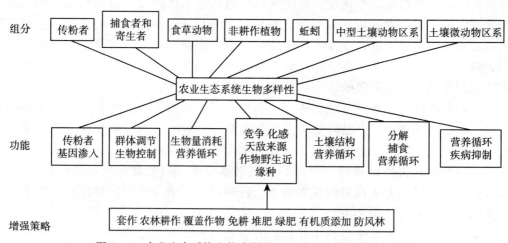

图 1-9　农业生态系统生物多样性的组分、功能及其增强策略

（引自林文雄，2013）

　　现代农业的一个主要策略就十分强调通过不同耕作措施和时空安排，有效利用各种作物、畜牧等的合理组合与科学配置开发一种互补或互利的生物多样性结构，提供良好自然的生态服务功能。必须指出的是，多样性布局和种植不应是传统农业品种布局"多乱杂"的无序状态和原始的间作、套作或混栽模式的简单回归，它必须是一种适应现代农业发展需要，以现代农业科学理论和高新技术作支撑，作物及其品种适度优化而又顺应自然的更

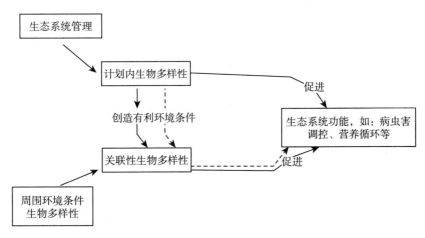

图 1-10　计划内生物多样性与关联性生物多样性的关系与两类生物组
　　　　　分是如何促进生态系统功能的示意
（引自林文雄，2013）

高层面的生态农业模式。然而，单一化和多样性又是相对的。对此，杨曙辉等（2005）认为现代持续农业的作物品种科学合理布局和种植至少应考虑 4 个层面的基本内容。一是宏观布局的多样性，在实行种植业结构调整优化和优势农产品区域化布局的同时，注重作物及其品种布局的多样性和多元化以及产业的多样性，在不影响或轻度影响产业化进程的前提下，尽量节制单一作物或品种的连片规模。二是微观栽培的多样性，采取不同作物或同一作物不同品种间的混栽或间作的种植方式，造成有害生物和寄主的多样化，使任何一种有害生物都达不到大规模流行的条件，从而达到有效持续控制病虫害的目的。朱有勇等通过不同水稻品种的混栽模式来控制稻瘟病的实践表明，生物多样性的合理布局不仅解决了作物病害的控制问题，同时还提高了水稻单位面积的产量，大大减少了农药和化肥的使用量，改善了农业生态环境，为现代农业生态环境下如何实现可持续生产展示了光明前景。三是轮作问题，泛指轮换栽种同种作物不同品系特别是遗传基因异质或遗传背景不同的品种，保持农业生态系统持续的多样性，保证作物病虫害的持续有效控制，才能最终确保农业持续发展的生物多样性。注重和研究对农业生态系统中生物多样性、物种多样性、品种多样性和基因多样性的保护，才能有利于整个生态系统的相对稳定和平衡，增强农业生态系统对病虫害的生态控制能力（图 1-11）。我们曾应用宏基因组学（metagenomics）和宏蛋白组学（metaproteomics）等现代系统生物学方法研究了长期连作烟草、地黄、太子参和甘蔗等作物根际微生物多样性状况，结果发现，单一作物的长期连作会导致根际土壤微生物多样性严重下降，特别是会导致土壤有益微生物减少，有害病原菌增加，土壤微生物组成从细菌型向真菌型转化，并严重影响土壤的营养循环，阻碍作物健康生长，产生严重病害，最终导致减产。采用合理的作物轮作模式能有效修复土壤微生物多样性，恢复土壤生态系统机能，有效克服和消减连作障碍，达到高产、优质、生态、安全的目的。因此，农业生态系统生物多样性的重建与保护、管理与利用已成为现代农业研究的重要方向。

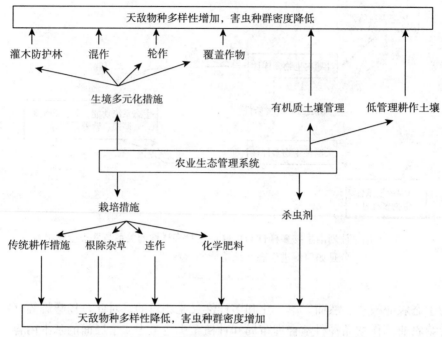

图 1-11　农业生态系统管理中资源保护与害虫生态控制策略

(引自林文雄，2013)

（五）农业生态学面临的挑战与机遇

从宏观层次讲，现代农业生态学研究的内涵与外延都发生了深刻变化，研究水平从个体到群落，研究边界从小区到农场，乃至整个农业生态系统或涉及全球食物生产、分布和消费网络的食物系统，探讨的问题涉及生态学、经济学和社会科学各个层面。客观上要求我们必须改变思维方式，既聚焦宏观生物学的科学问题，又要重视政策层面对农业生产、农民行为和农村发展的调控作用等社会科学问题对本学科领域的反馈调节作用。但必须指出的是，农业生态学属于宏观应用生物学范畴，研究对象是农业生态系统，其核心是农业生物及其产品形成的食物链、加工链和价值链的相关管理与市场调节问题，其中特别强调了人在系统管理的主体作用，因此必须重视对管理者的生态学教育。但是，也存在研究系统界限无限扩大，研究范畴过于模糊，给人以包罗万象的感觉，这不利于学科的发展，以至于有人呼吁该是研究什么不是农业生态学的时候了。但从微观层次讲，现代农业生态学又进入了分子农业生态学时代，它借助现代生物学的发展成就，运用系统生物学的理论与技术，深入研究农业生态系统结构与功能的关系及其分子生态学机制。特别是随着现代生物技术的不断完善，环境（宏）基因组学、蛋白组学技术的问世，极大地推进了人们对未知生物世界的认知，尤其是对生物多样性和基因多样性对农业生态系统机能影响的深层次剖析和入侵生物、转基因生物及其产品对环境安全的分子生态学评价等，使得农业生态学能从分子水平上深入研究系统演化的过程与机制，促进从定性半定量描述向定量和机理性研究推进。客观上也要求农业生态学工作者必须与时俱进，不断完善自己的知识结构，提高现代科学研究技能，只有这样才能自觉接受新的科学知识，促进传统科学向现代科学提升。

但是，也有人反对这种研究倾向，认为农业生态学是宏观科学，不宜过多涉及分子生物学问题。但不管农业生态学如何发展，始终围绕研究农业生物与环境的相互关系，关注的焦点是如何通过科学的农业生态系统管理，实现可持续食物生产的过程与机制问题，研究方法是系统方法，包括宏观与微观两个方面。但是当前农业生态学面临的主要问题是如何把农业生态系统作为整体来操作，以便能够准确预测系统对未来环境变化的反应。近年来，Purdy 提出整合生态学（integrative ecology）观点，认为必须应用系统生物学的宏基因组学、宏蛋白组学和转录组学（transcriptomics）等组学（OMICS）方法，方可从分子到生态系统水平上系统研究其响应未来环境变化的生态学过程及其分子机制。这是因为以往应用单一孤立的物种水平研究方法及其所获得的结果是不能用来预测整个农业生态系统在更高组织水平和更大时空界限上的生态学响应，包括生物多样性、生态学作用及其互作等能够深入理解生态系统机能的关键性参数变化情况。我们的确需要从不同等级水平了解他们之间的相互联系，因为任何生态系统的稳定性及其弹性最终要依靠构成该系统的每一个生物成员，包括动物、植物、微生物。显然，要理解这种多物种复杂系统的机能，Lindeman 的经典生态学研究方法是无法达到的，只有应用现代系统生物学的组学技术才能克服传统生态学只聚焦于能量、营养和生物质在粗糙拼凑的功能单位（如基于分类学方法把光合细菌、藻类和植物归为初级生产者）间流动或分配的不足，如应用宏基因组学和宏蛋白组学技术才能全面揭示农田生态系统中生物多样性及其与系统功能的关系。因此以系统生物学为理论背景和方法论基础的整合生态学观点与技术是现代分子农业生态学研究走向深入的重要技术支撑，将给农业生态学研究带来新的挑战和难得的发展机遇，值得我们认真把握与积极应对。

三、农业生态学国外发展及其启示

（一）对农业生态学使命的新认识

农业生态学的兴起显然是受到了农业发展不可持续问题的推动。"国际农业发展知识、科学与技术评估组织"总结了 2008 年 4 月由各国政府代表参加的南非会议成果，发表了《农业处于十字路口》的报告。报告清晰表明，各国都认识到按照目前的农业生产方式，现有资源支撑不了未来社会对农业产出的要求。报告认为包括产品供应、经济效益、生态环境服务在内的农业多功能性是不可回避的，结论指出："通过进一步将农业知识与科技转到以农业生态科学为主，将有利于解决环境问题，同时维持和提高生产率。"生态农业展现出的种种优势与人们熟悉的常规方式，诸如培育各类高产改良品种的做法，成为互相补充的一种农业方法。生态农业能够有力地推动更为广泛的经济发展。在美国加利福尼亚大学（加州大学）Santa Cruz 分校举办的第 13 届国际农业生态培训班上，人们引用爱因斯坦的名言："我们不能够用产生问题的思路去研究解决问题的方法"，认为引导工业化农业发展的传统农业科研思维属于还原论（reductionism）。这种还原论方法已经不能够胜任未来农业发展的要求。农业生态学要促进农业一系列观念变革，从而克服一系列传统工业化农业引起的严峻问题。美国农业部在 2009 年终于跟随众多欧洲国家在人力、物力和机构设置上大力支持有机农业发展。在这个基础上，Hooedes 等撰写的美国农业"国家有机行动计划"中，认为有机农业也应当采取农业生态学的综合、整体、多样的思路，甚至认

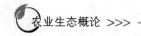

为应当在传统农业研究机构以外成立独立的有机农业研究机构，以摆脱传统农业研究的还原论思维。显然农业生态学在国际上被认为是一种对工业化农业方式和传统农业科研思维的深层次颠覆和革命，并赋予了支撑农业可持续发展的战略使命。

（二）对农业生态学内涵的新认识

丹麦农业科学研究所农业生态系的 Dalgaard 等在综述农业生态学的时候，根据不同研究人员的研究范围，提出了农业生态学的硬件部分和软件部分。他们认为，与农业生态系统的能物流、资金流有关的生态学、农学与经济学结合的部分可以称为"硬农业生态学（hard agroecology）"部分，而与人类社会及其利益管理体系有关的则可以称为"软农业生态学（soft agroecology）"。法国农业生态学与景观生态学家 Wezel 等在综述农业生态学文献时发现，农业生态学的研究范围趋向扩大。扩大方向之一是从农田层面向农业生态系统和地理景观层面拓展。扩大方向之二是从农学、生物学、生态学的"硬农业生态学"向农业生态系统管理、农村可持续发展、社会学与经济学等"软农业生态学"发展。

（三）农业生态学是一种农业实践方式的新认识

在中国，农业生态学指导的实践被普遍称为生态农业，然而在国际上，生态农业的术语应用并不广。Altieri 认为应当重视循环体系建设和维护土壤有机组分，充分利用物种多样性与遗传多样性，以便提高太阳能、水分和养分等自然资源利用率，还应当注意通过扩大物种间有利的相互关系，强化生态系统的服务功能。De Schutter 提出生态农业需要模拟和利用自然进程，通过流域和生态系统的整体生物多样性构成、养分循环和能源流动关系构建来实现系统的多功能协调，并列举生态农业的实践模式有农林结合模式、农牧结合模式、流域集水模式、综合养分管理模式和综合有害生物防治模式等。在美国加利福尼亚州（加州），覆盖作物和有害生物的陷阱作物也经常用到。由于生态农业是智力密集型生产方式，而不是投入集约型生产方式，除了重视新技术和新模式以外，国际上普遍重视来自广大农民的实践经验和经历长期实践证实行之有效的传统农业遗产。2004 年以美国学者 Sara Scherr 牵头，在内罗毕成立了国际"生态农业伙伴（ecoagriculture partner）"，其最大特点是强调通过景观层面的布局，协调生态、生产与生活的关系。该组织的口号是"为了人民、食物和自然的景观"。在其内罗毕宣言中，除了强调景观分区布局和管理外，还强调结合乔灌草的农林体系（agroforestry）和实施有机与循环方法。Gliessman 认为，传统农业向生态农业实践转变可以分为 4 个水平。第一个水平为资源节约技术，推广节肥、节水、节能技术等。第二个水平是投入替代技术，化肥用有机肥替代，农药用有害生物综合防治替代。第三个水平是系统结构变化，在农业生态系统中，生物多样性结构、循环体系结构和流域景观元素配置结构的变化都属于这个水平。第四个水平是食品供应体系的改革，食品供应体系包括农业生产资料供应及农业生产者、食品加工、产品运输、商品销售、食品消费者之间的关系调整。美国"国家有机行动计划"中也提出要避免把有机农业简单理解为允许和不允许投入什么的农业，有机农业是先进的有机理念与传统的农业生态系统结为统一体的农业系统。

（四）开展生态农业建设是一种新趋势

在一些国家和地区，开展生态农业建设逐步成为一种社会运动，目的在于发掘农民智慧、改善食品供应体系、提高农村生活质量、增加农民经济收益、保护珍贵农业遗产、实现可持续发展。在拉丁美洲的"农民对农民运动（farmer to farmer movement）"是在发展中国家相当突出的一个例子，目前遍布拉丁美洲，如古巴、危地马拉、尼加拉瓜、巴西等，参加运动的农户达到数十万。在 20 世纪 60—70 年代，依托良种，并依赖化肥、农药、灌溉等高投入的"绿色革命"在拉丁美洲国家小农中推广失败。80 年代初，发展中国家债务危机使得拉丁美洲国家不得不接受缩减政府人员规模、出售国有企业、开放市场等措施，农产品市场被发达国家占领，土地被大公司占领，农业推广服务萎缩，农民被迫成为城市居民或者退守边缘区域。同期，在国际上可持续农业和农村发展（sustainable agriculture and rural development）项目推动下，拉丁美洲国家的小农发现，生态农业方法不仅使产量倍增，而且保护了环境。于是他们就在这些项目组织交流的基础上，逐步发展成为农民之间进行技术和经验交流的组织。目前该组织正试图凝聚力量，在交流生态农业技术的同时改变不合理的国际管理体系和国家政策。

在武装叛乱不断的尼加拉瓜，全国农民与牧民联盟在 1987 年开始实施"农民对农民项目（campesino to campesino program）"并且取得成功，农村也得到了安宁。成功的原因总结为：农民自己的试验和评价，本土知识的交流，活跃的对话和创新，水平对话机制出现的乘法效应，有推介成果的积极分子出现，创新成为农民的风气，不断有地方领袖出现。在古巴，1999 年正式成立农民对农民农业生态运动，农业生态运动在禁运条件下利用当地资源与经验提高了农业生产水平，在保障供给中显示出了明显优势，2009 年就有超过 11 万户农民参加。在巴西，2001 年召开全国农业生态学会议，2002 年成立全国农业生态联盟，2003 年在有机农业的法律框架内认可了生态农业，2004 年成立巴西农业生态协会，2006 年巴西农业研究组织正式把生态农业作为该研究机构的一个学科领域。

推广生态农业在美国也已经作为一种社会运动形式存在。在美国加州，加州大学圣克鲁兹分校有机农场为农民提供有机农业培训，校内建立了社区农业生态项目（program in community and agroecology）。加州还成立了各种与生态农业有关的民间组织。例如"社区农业生态网络（Community Agroecology Network，CAN）""农业和基于土地的培训联盟（Agriculture and Land Based Training Assiociation，ALBA）""社区支撑农业（Community Supported Agriculture）""根本的改变（Root of Change）""食物共有（Food Common）"等。这些非政府组织从侧面推动了农业生态的发展。Root of Change 致力于把被现代商业运作分割了的食品供应体系重新连接起来。Food Common 计划建立有机食品供应体系，力争在 2020 年实现 10％的本地消费食品为本地生产。ALBA 着力培训和培育从事有机农业生产的小型农民企业。他们不但提供技术培训，而且为起步农民提供廉租农田。CAN 则通过与拉丁美洲咖啡生产者建立直接联系，增加生产者收益，减少消费者负担，增进消费者对生产者和生产方式的了解。另外农民超市（Farmer Market）为农民生产的有机食品提供了直接与消费者接触的渠道。"美国收获正义（Just Harvest USA）组织"则为外国农民工提供保护，争取正当权益。美国有机农业运动也是从民间开始的。在 20 世纪 60—70 年代相继成立了"加州有机认证农民（California Certified Organic Farmers，CCOF）""有机农民和园艺者联盟（Maine Organic Farmers and Gardeners Assiociation）""东北有机农业联盟（Northeast Organic Farming Association，NOFA）"等。民间的大量工作促使美国农业部在 2000 年制定了国家有机食品标准，并在农业部设立国家有机农业项目，2009 年专门设立管理职位。

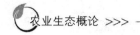

（五）农业生态学在中国发展的启迪

根据各国对于农业生态学的理解和农业生态学的发展状况，反观我国的农业生态学发展，会给我们一些有益的启迪，有利于更好地认识我国农业生态学发展的优势和问题所在，以推动学科健康发展。

在我国生态农业实践中非常重视农民经验和农业传统知识。中国农业大学李隆教授有关间套作研究、浙江大学陈欣教授的稻鱼共作研究都达到了很高水平。中国科学院地理科学与资源研究所李文华院士与闵庆文研究员领导的团队持续开展了农业文化遗产研究。李文华院士主编出版的《生态农业——中国可持续农业的理论与实践》中总结了大量农民创造的生态农业模式与技术。我国是一个有五千年农业文明历史的大国，目前仍有约 6 亿人口在农村，但对农业遗产的挖掘和农民经验的提升还远远不够。今后，不仅需要科研人员的继续努力，更需要广大推广人员和农民了解这些经验和遗产的价值，并有意识地加以发掘、研究、保护和推广。

目前我国农业生态学研究多在农田和农田以下水平开展，在农田生态系统水平的水分、养分、能量平衡的研究已经从短期田间取样研究向长期定位试验站支撑的研究发展。作物间套作的养分、光照、水分、病虫之间的关系，作物、害虫、天敌之间的化学相互作用，作物、土壤、微生物之间的相互复杂影响，农业生产的温室气体排放，全球变化对农业生产的影响等研究都相当深入。然而，在农业生态系统和农业景观层次的研究却相对较少，与农业生态学相关的社会经济学研究就更加少了。正如 Dalgaard 等所指出的那样，在层次比较高的体系中开展研究有两个难点，一方面大系统受限于时间和资金，不少研究仅能够进行半定量的调研、访谈、取样，得到有关结论的重复性和严密性容易受到质疑，另一方面小规模的田间和实验室研究要上推到系统和景观层面的方法还不十分成熟。因此，利用模拟、模型和数学方法进行综合研究很有必要。这需要在我国今后的农业生态学研究中加以强化。

第三节　农业生态学的研究对象与内容

一、农业生态学的研究对象

农业生态学的研究对象主要是农业生态系统（agroecosystem）。农业生态系统是人类为满足社会需求，在一定边界内通过人为干预，利用生物与生物、生物与环境之间的能量和物质联系建立起来的功能整体。

农业生物包括果树、蔬菜、家畜、家禽、养殖水产类动物、林木等，也包括农田杂草、细菌、昆虫等生物。这里要指出，草原、森林和湖泊等不论以系统的边界或以系统的生境而言，都有各自的特点，并成为独立的学科加以研究。因此，农业生态系统以种植业为中心，包括农作物种植、畜禽和水产养殖，也包括农区的防护林等。系统中种植或养殖的生物是在人的选择培育和经营管理下，与当地气候、土地等环境之间相互适应的农业生物类群。同时，农业生态系统还需要人们不断地进行各种干预，如技术干预、经济干预和结构设计等，因此，农业生态系统是介于自然系统与人工系统之间的，被人类驯化了的自然生态系统（图 1-12），不仅受自然生态规律的支配，也经常受到社会经济规律的影响，这也是农业生态系统区别于海洋生态系统、草原生态系统、森林生态系统之处。

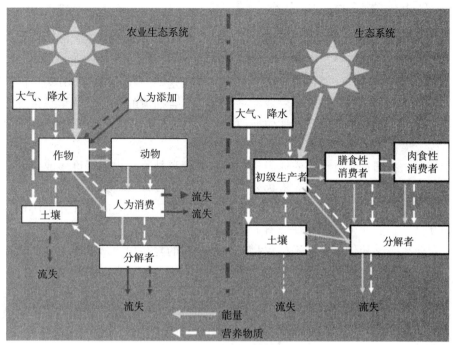

图 1-12 农业生态系统与生态系统体系的差异

（仿 Gliessmaan，2010）

农业生态系统的研究涉及的方面很多，有果树、蔬菜、家畜、家禽，一些水产类和林木等，以及气候、土壤等自然环境和社会经济环境等。它们分属不同学科，内容极其广泛。但它们之所以能兼容于农业生态学，是因为农业生态学的研究重点是各组成成分之间的关系，把每一种成分作为因素，从物质、能量上研究它们之间的耦合、转化、反馈等关系，或者说，系统的约束与行为过程才是研究的重点。

农业生态系统所包含的各成分之间的关系和行为过程，正如恩格斯所概括的："一个伟大的基本思想，即认为世界不是一成不变的事物的集合体，而是过程的集合体。"农业生产是生物学过程和人类农业劳动过程的集合。生物学过程是生物利用环境完成其生长发育的过程，主要是生物与环境之间物质、能量变换的生态过程。人类农业劳动过程包括人类处理人与其他生物之间的物质、能量变换过程，以及通过生产关系、劳动、分配等人与人之间的经济过程。农业生产包含生态系统、农业技术系统和农业经济系统。以农业生态系统为中心，研究三个系统之间的相互作用是农业科学在体系上的一个重大发展。三个系统在认识上可以抽象地分割，可以分别研究，但实际上是交织在物质和能量变换过程中的三类作用因素。

农业生产具有三个系统过程的特点，决定了研究农业生态系统过程不能像研究自然生态系统只研究纯生态学过程，必须包含有农业技术系统过程和农业经济系统过程。例如对施肥、灌溉等技术以现代化技术手段对其中能量和物质的投入加以计算，物质、能量变换之间，还要计量其转化效率，此外还包括物质、能量的经济效益分析。当然，农业生态系统作为复合系统，其所包含的三个系统是有主次关系的。生态系统是其研究的主体，农业

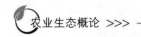

技术系统常只作为调控因素，农业经济系统的经济效益是农业生态系统的重要目标。

二、农业生态学的研究内容

当今，经济发展受到生态环境多方面的制约，生态系统建设又受到经济负荷能力的制约。社会发展所面临的人口、资源、环境等重大问题，同时向生态学和经济学提出挑战，要求从生态与经济相结合的整体高度出发，探讨解决这些问题的途径与方法。面对这些问题，以生态系统、农业技术系统和农业经济系统等组合而成的复合农业生态系统为研究对象的农业生态学，其任务不仅是阐述农业原理，而且要面对现实，提出协调各种关系和推动农业持续发展的各种可行方案。

几十年来，中国每年有许多农业投资项目，农业科技每年也取得许多成果，但不同地区农业投资与科技成果的效益相差极为悬殊。因为单项投资或科技成果在技术上、经济上和生态上所产生的作用与结果并不一致。在一个系统内，它们之间往往互不协调、相互干扰甚至相互抵消。农业生态学的任务有如下几点：

（1）农业生态学的任务显然不仅仅是对农业生产的复杂现象从本质上（从物质与能量的转换）做出生态学的解释。农业生态学还应是以结构化的科学知识和系统分析的思想研究农业生产的系统过程。为此，农业生态学要求学习者从整体上学会处理已学到的科学知识，将各种农业科学知识通过整体思维框架合理地纳入系统之内，以提高整体的效益。

（2）农业生态学在加强现代化环境保护意识的基础上，探讨并把握生态-技术-经济复合系统的相互作用关系，以便能够在我国面临土地承受人口超负荷的压力和农业粮食短缺的形势下，从农业的整体动态层次上，促进农业的可持续发展。

（3）农业生态学通过对物质、能量的运转与区域农业发展的关系分析，探讨农业领域中的生态问题，研究如何协调农业生态系统组分结构及其功能，促进农业生产的持续高效发展，是农业生态学的根本任务。农业生态学不仅要进行基础性的理论研究，更要为发展农业生产提出切实可行的技术途径，要理论与实践紧密结合。

农业生态学需要探讨的问题：农业生态整体认识与农业发展的关系和展望；现代生态环境意识，生态环境作用与农业的发展；农业生物群体及其在不同区域和动态层次上的组成、结构、行为过程、约束和发展的规律；农业生态系统中能量与物质转换的特点、规律与模型；农业生态系统中种植、养殖、加工、农、林、牧与土壤肥力的内在联系、定量关系和农业生态系统的生产力（包括初级生产力，次级生产力和土壤库的建设）；农业生态系统的物质再生产与经济再生产的内在联系与区域开发；农业生态系统设计与生态农业建设。

三、农业生态学的研究方法

农业生态系统是一个由多种组分相互联系所组成的社会与自然复合系统。因此，系统论是农业生态学重要的方法论基础。系统生态学就是系统论与生态学相结合的产物。系统论的应用极为广泛，包括研究各类系统的共性与特征。系统工程是各专业组织管理技术的总称。随着系统工程研究对象的不同，派生出不同专业的系统工程。不同专业的系统工程需要不同的专业基础知识，但它们主要的基础理论则是共同的。

（一）系统论

1930 年贝塔朗菲（L. V. Bertalanffy）提出系统论，它的任务是推导和形成能普遍适用于系统的一般原理。关于系统论与生物科学的关系，贝塔朗菲认为：生物的基本特征是它的组织性，仅进行局部成分或局部过程的研究不能给以完整的解释，也不能获得各成分之间客观存在相互配合的任何信息，因此生物学必须用系统的理论和方法来揭示生物系统的规律。

（二）信息论

1948 年美国人 Shannon 创立了研究系统组分之间各种信息过程的信息论。信息论是研究信息的提取、传递、变换、存储和流通的科学。随着系统自动化程度的提高，对信息传递的及时性和准确性的要求也相应提高，特别是电子计算机的广泛运用，使得信息的加工处理变得更为有效。

（三）控制论

控制论是 20 世纪 40 年代新发展起来的一门综合性学科，是自动控制理论、电子计算机、无线电通信、神经生理学与数学等学科相互渗透的产物。它主要研究各种系统的共同控制规律，目前已形成工程控制论、生物控制论、经济控制论等分支。虽然运筹学与控制论都研究系统的优化问题，但一般说来，前者主要研究系统的静态优化（动态规划例外），而后者主要探讨系统状态的动态优化。

系统论、信息论、控制论在研究系统方面各有侧重，但在理论上互补互证，为人类更好地认识和调控各类社会系统、自然系统，以及农业生态系统这样的社会与自然的复合系统奠定了基础。在生态系统中，环境与生物之间，初级生产者与次级生产者之间，以及生物种群内部，都存在着各类信息传递过程。生态系统内的信息网使物质流、能量流更为和谐有序。农业生态系统依赖信息和控制技术进行调控。

（四）运筹学

20 世纪 50 年代运筹学形成，运筹学既是一门理论科学，又是一门应用科学。它是在既定条件下，对系统进行全面规划、统筹兼顾，合理利用资源，以期达到最优目标的数学方法。包括线性规划、动态规则、网络规则、网络分析、对策论、排队论、存储论、系统可靠性分析、决策分析、整数规划、非线性规划等主要内容，为系统的定量分析提供了理想的数学方法。计算机为复杂系统的数据处理提供了重要的运算工具。系统研究在理论、方法和工具上的日趋完善，为系统分析方法在农业生态系统分析中的广泛应用奠定了坚实的基础。

（五）概率论与数理统计学

概率论是研究大量随机事件基本规律的学科，而数理统计则是用来研究取得数据、分析数据、整理数据和建立某些数学模型的方法。农业生态学强调适用于系统内不同组分的共同媒介和通用方法。能量、物质、信息和价值是沟通农业生态系统不同组分的媒介。尽管在农业生态系统中组分的形式千变万化，相互关系的形式也多种多样，但一般来说，都可以统一用能量、化学元素或稳定化合物的形式来表达，也可用信息的方法来表达，与人类生产劳动和交换有关的组分和关系，还可用价值或货币来表达。

农业生态学研究中需要综合运用本学科与相关学科的一些研究手段，通过野外观察、田间试验、室内分析、社会调查和文献搜集等方法来获得有关素材。在处理这些信息丰富的素材时，需要用数学来描述多种组分在数量上的相互关系，运用以计算机为主要工具的

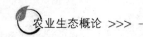

系统分析方法。农业生态学是在唯物辩证的科学哲学观确立后，自然科学和社会科学相互渗透，农业科学向宏观方向发展的产物。因此，辩证的整体观、运动观和联系观是农业生态学科学认识论的基础。农业生态学的强大生命力在于它直接服务于农业生产，具有很强的实用性。因此，它只有在与农业生产实际广泛而密切的联系中，才能健康发展。

四、农业生态学在科学中的地位

农业生态学在现代农业科学中占有重要地位，起着多方面的作用。

（一）基础作用

农业生态学的基础作用表现在以下 3 个方面：一是农业生态学揭示的规律（如物质循环、能量流动规律，生物与环境互适互作规律，生物物种间的相生相克规律等）是农业科学的最基本规律，是学习和研究其他农学学科的基础；二是农业生态学的原理和规律，如"顺天时，量地利，则用力少而成功多；任情返道，劳而无获"等，是指导农业生产实践的基础；三是任何从事农业科技教学、科研、生产、推广和行政的管理人员，都应具有农业生态学的思维方式、方法和基本知识，否则在生产实践中行不通。

（二）综合作用

农业生态学具有很强的综合性，主要表现在 3 个方面。①农业生态学知识的综合性。在研究农业生态学规律时，除应具有较丰富的农业生产实践知识外，还应具有物理学、化学、数学、土壤学、气象学、植物学、动物学、微生物学、作物栽培学、耕作学、畜牧学、林学、水产学、园艺学、农副产品加工等方面的科学知识，同时还要运用历史、经济、政治、地理、法律等社会科学知识。②农业生态学实践应用的综合性。农业生态学本身就是上管"天"，下管"地"，中间管"物（指农业植物、动物、微生物）"，人在其中起调控作用。③农业生态学研究中需要综合利用各学科的研究手段，通过野外观察、田间试验、室内分析、社会调查、文献收集等方法来获得有关素材，在处理这些信息丰富的素材时，常常需要用跨学科、综合性的方法。

（三）带动作用

农业生产中存在的问题多，且错综复杂。要有效地解决这些问题，必须借助于农业生态学的原理和方法，从纷繁复杂的问题中找出生态上的主要问题加以解决。如目前我国进行的西部大开发中，紧抓生态环境问题，以生态建设为突破口，即可带动其他经济发展，也有利于解决社会问题。

（四）关键作用

当前，世界农业可持续发展面临诸多问题，如资源枯竭、生态破坏、环境污染、粮食短缺、分配不均、饥饿、贫困等，而解决这些问题的切入点，仍然要依靠农业生态学的理论和技术，或者说农业生态学在解决上述问题中将起关键作用，这一点已被国内外的实践所证明。很多文明古国的消失和发达地区的衰败，无不与忽视生态问题密切相关。

（五）渗透作用

当今世界，农业生态学的理论和方法已渗透到社会的各个方面，如生态旅游、观光农业、绿色制造、生态建筑、生态时装、生态设计等，说明生态学、农业生态学具有渗透作用，也说明其在当今社会各方面都具有很重要的地位。

第二章 | CHAPTER2
农业生态系统中的生态关系

农业生态系统是农业生态学的核心研究对象，是人工驯化的自然生态系统。因此，农业生态系统中保留了众多自然的生态过程与关系，也引入了人工过程与人为修正的自然关系。农业生态系统中的生态关系主要包括农业环境要素间的生态关系、农业生物间的生态关系，以及农业生物与环境之间的生态关系。这些生态关系的完善或丧失均将影响农业生态系统的正常运转，因此构建良好的生态关系是管理农业生态系统的基础。

第一节 农业环境要素间的生态关系

一、农业环境与生态因子

环境是生物获取维持生命活动的物质和能量的场所，是与生物不可分割的生态系统组分。生物与其环境间的关系是协同性的：一是生物必须从自然环境中获取必需的能量和物质，因此环境对生物的分布与生长起着制约作用；二是生物通过自身在形态、生理的变化来适应不断变化的环境，同时生物还能通过不同的途径不断地影响和改造环境。但总体上环境对生物的作用呈主导性。生物的环境是综合的、多方面的，不仅有物理、化学环境，生物之间（种内和种间）也互为环境。农业是经人工驯化和改良自然过程而形成的，农业生产过程就是农业生物利用特定的自然、社会环境中的要素进行转化的过程。因此，农业生物生长过程中，必然受到自然与人工两个环境的协同影响，对农业生物的分布、生长具有重要作用。

（一）自然环境与生态因子

自然环境是作用于生物的外界自然条件的综合体，包括生物维持生命活动的物质、能量、信息以及生存空间。自然环境中一切影响生物生命活动的因子均称为生态因子（ecological factor），如温度、湿度、风力、辐射强度、土壤酸碱度等。太阳辐射和地球表面的土壤圈、水圈、大气圈综合影响着这些生态因子的组成及理化性质。

1. 生态因子的分类方法 生态因子因研究者在不同工作领域研究重心的不同，有多种分类方法，不同的分类方法有不同的用途。

（1）属性。将生态因子分为非生物因子和生物因子两大类。非生物因子（abiotic factor）包括温度、光照、水分、酸碱度、氧等理化因子。生物因子（biotic factor）包括同种和异种生物。

（2）性质。将生态因子分为气候因子、地形因子、土壤因子、生物因子、人为因子五大类。每一类生态因子都自成系统，并具有各自的生态功能，同时又相互影响、相互制约。在生态因子中，能够作为原料和能量输入系统并在系统中转换为生物产品的因子，称之为自然生态因子。例如：水、土壤肥力、光合有效辐射、大气中的二氧化碳（CO_2）和氮；天然林木、草场以及水体中的浮游生物、鱼群等都属于自然资源因子。就农业自然资源因子而言，在不同的时间和地点，通常多个自然资源因子相互结合，并以自然资源组合的形式而存在。要实现农业生态系统的高效率生产，则必须具备各种自然资源因子的良好组合。气候因子（climatic factor）也称地理因子，包括光、温度、水分、空气等。地形因子（topographic factors）指地面的起伏、坡度、坡向、阴坡和阳坡等，通过影响气候和土壤，间接地影响植物的生长和分布。土壤因子（edaphic factor）包括土壤结构、土壤的理化性质、土壤肥力和土壤生物等，是气候因子和生物因子共同作用的产物。生物因子包括生物之间的各种相互关系，如捕食、寄生、竞争和互惠共生等。人为因子（anthropogenic factor）指人类活动对生物和环境的影响。

（3）稳定性。原苏联生态学家蒙恰斯基（1953）将生态因子分为稳定因子和变动因子两大类。稳定因子是指终年恒定的因子，如地磁、地心引力和太阳辐射常数等，其作用主要是决定生物的分布。变动因子又可分为周期变动因子和非周期变动因子，前者如一年四季变化和潮汐涨落等，后者如刮风、降水、捕食和寄生等，变动因子主要影响生物的数量。

（4）对种群数量的影响。史密斯（1935）把生态因子分成密度制约因子（density dependent factors）和非密度制约因子（density independent factors）两大类，前者的作用强度随种群密度的变化而变化，因此有调节种群数量、维持种群平衡的作用，如食物、天敌和流行病等各种生物因子；后者的作用强度不随种群密度的变化而变化，因此对种群密度不能起调节作用，如温度、降水和天气变化等非生物因子。生态因子作用方式有以下几种类型：

2. 生态因子的特点

（1）生态因子的主导和次要作用。在一定条件下起综合作用的诸多环境因子中，有一个或几个对生物起决定性或主导作用的生态因子，称为主导因子。主导因子发生变化会引起其他因子也发生变化。例如，光照是光合作用的主导因子，温度和 CO_2 为次要因子；春化时，温度为主导因子，湿度和通气程度是次要因子。又如，以土壤为主导因子，可以把植物分为多种生态类型，有嫌钙植物、喜钙植物、盐生植物、沙生植物；以生物为主导因子，表现在动物食性方面，可分为草食动物、肉食动物、腐食动物、杂食动物等。生态因子作用的主次性在一定条件下可以发生转化，处于不同生长时期和条件下的生物对生态因子的要求和反应不同，某种特定条件下的主导因子在另一条件下会降为次要因子。如水稻秧苗进入 3 叶期后，由于胚乳中的营养物质和能量基本耗尽，这时秧苗进入离乳期，营养物质特别是氮素成为影响秧苗生长发育的主导因子。进入分蘖初期后，当满足秧苗的营养条件时，土壤中的氧气（O_2）就成为主导因子，其他因子变为次要因子。因此，在保证正常土壤供肥条件下，栽培上往往通过浅水增氧来促进水稻秧苗的早生快发。

（2）生态因子的直接和间接作用。生态因子对生物的影响有直接与间接作用之分，如环境中的地形因子，其起伏程度、坡向、坡度、海拔高度及经纬度等，能影响光照、温度、雨水等因子的分布，从而对生物产生间接作用，环境中的光照、温度、水分状况则对生物的类型、生长和分布起直接作用。但坡向、坡度等因素有时也会直接影响生物的生存与活动，所以生态因子的直接和间接作用的划分不是绝对的，而是相对的。生态因子的直接作用（效应）涉及一些条件的诱导与维持，当这些条件被解除，效应便立即停止，这一现象称为直接作用（direct effect）。比如沙漠中的一种福桂花科灌木——墨西哥刺木（*Fouquieria splendens*），一旦生长所需的水分达到有效水平，植物就长出幼小的叶片，但当水分降低到植物萎蔫的临界水平时，这种植物的叶片就会很快脱落，表现出与外界水分条件紧密相关。

（3）生态因子作用的阶段性。由于生物生长发育不同阶段对生态因子的要求不同，因此，生态因子的作用也具有阶段性，这种阶段性是由生态环境的规律性变化所造成的。例如，光照长短在植物的春化阶段并不起作用，但在光周期阶段则十分重要。另外，有些鱼类终生都定居在某一个环境中，根据其生活史的不同阶段，对生存条件有不同的要求。例如鱼类的洄游，大麻哈鱼生活在海洋中，生殖季节就成群结队洄游到淡水河流中产卵，而鳗鲡则在淡水中生活，洄游到海洋中去生殖。因此在考察或利用特定地区的环境资源时，必须充分考虑生态因子对生物作用的阶段性。比如栽培上必须根据生态因子的时空分布规律，选择或引进适宜的作物品种，确定合理的播插期和安全开花结实期，以实现生态因子的时空分布特点和作物不同生育阶段与生态因子作用的阶段性要求相吻合，从而达到高产稳产的目的。

（4）生态因子的不可替代性和可补偿性。生态因子虽非等价，但都不可缺少，一个因子的缺失不能由另一个因子来代替，因此生物所必需的生态因子具有同等重要性和不可替代性的特点。生态因子的不可替代性告诉我们，尽管生物对各生态因子的要求有量上的差别，但缺一不可。因此在营养管理上必须充分考虑其同等重要性原则，做到全面、适量、平衡供给，这是保证生物健康生长发育的必要条件。比如植物生长发育所需的营养元素有大量元素与微量元素之分，缺失任一元素都会影响植物的产量与品质。因此，施肥管理上既要重视氮、磷、钾三要素的使用，又要考虑平衡施肥，只有这样才能高产稳产。但环境中某一因子的数量不足，有时可以由其他因子来调剂或补偿，例如光照不足所引起的光合作用下降可由 CO_2 浓度的增加得到补偿。然而，生态因子的补偿作用只能在一定范围内做部分补偿，且因子之间的补偿作用也不是经常存在的。如软体动物在锶多的地方，能利用锶来补偿钙的不足，作物营养元素间的可补偿性例子也很多，人们经常应用营养元素间的可补偿性进行栽培调控，也可实现高产。

（5）生态因子的综合性。环境中各种生态因子不是孤立存在的，而是彼此联系、互相促进、互相制约，任何一个单因子的变化，都必将引起其他因子不同程度的变化。生态因子的作用虽然有直接和间接作用、主要和次要作用之分，但它们在一定条件下又可以互相转化。这是由于生物对某一个因子的耐受限度，会因其他因子的改变而改变，所以生态因子对生物的作用不是单一的，而是综合的。因此，在考察或开发特定区域的生态环境时，必须充分考虑生态因子的综合作用特性，破坏任何一个因子都会导致该生态环境系统的恶化甚至破坏，因此保护和利用特定地区的环境资源，首先要保护影响该生境的生物资源，只有这样才能保证该区域环境资源的可持续利用。

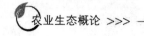

（二）人工环境

农业生态系统是受人类干预的生态系统。广义的人工环境包括所有受人类活动影响的环境，根据干预的程度可分为人工驯化的环境和人工创造的环境。

1. 人工驯化的环境　人工驯化的环境是指在原有的自然环境中，由于人的因素使其发生局部变化的环境。如为改变局部地区气候，控制水土流失，使农作物高产稳产而人工经营的防风林、草地、水保林、森林等，为控制旱涝灾害而兴建的水利工程等。这些人工驯化的环境在一定程度上仍然依赖于大自然。

2. 人工创造的环境　人工创造的环境是指人类模拟生物生长发育所需要的外界条件而塑造的环境。

（1）无土栽培环境。无土栽培是以人工创造根系环境取代土壤环境。这种人工创造的作物根系环境，可通过人为调控满足作物对矿质营养、水分和空气条件的需要，促进作物的生长发育，发挥作物最大的生产潜力。当前无土栽培主要用于蔬菜和花卉生产。

（2）大棚温室环境。通过建造塑料和玻璃大棚来提供生物生长发育所需要的适宜环境条件。在冬春寒冷季节，温度是生物生长发育的限制因子，温室栽培可以提高环境中的温度，使生物能像夏天温暖季节一样正常生长发育。大棚温室环境大多进行高度连作生产。目前温室栽培主要用于蔬菜、花卉和药材的生产。

（3）集约化养殖环境。通过建造畜舍、禽舍控制饲养动物生长发育所需要的温度、湿度和光照条件，最大限度地节约饲料，提高家畜、家禽的生产力。在夏天炎热的气候条件下，强烈的太阳辐射长时间作用于畜禽，会引起热平衡的破坏，甚至引发日射病而死亡。畜禽舍的建造为畜禽提供了理想的生长环境，为畜禽的速生、优质、低消耗和高产稳产奠定了基础。

二、农业自然环境要素及其相互作用

农业自然环境要素主要是指影响作物生长的各类环境因子，主要包括太阳辐射、大气、水、土壤及生物环境要素，这些环境要素通过改变其组成及理化性质来影响生存于其中的生物。

（一）太阳辐射

太阳辐射是地球生命生存的基础能量来源。太阳辐射具有两种功能：一是通过热能形式使地球表面的水体、土壤变热，推动水循环，促进空气和水的流动，为生物生长创造合适的温度条件；另一功能是以光能形式被绿色植物吸收，并通过光合作用合成糖类，同时将太阳光能储存在有机物中，这些有机物中所包含的能量供给其他各种动物和异养生物，成为生态系统中其他生物能量的来源。通过植物的光合作用，使各生物和太阳能之间产生本质的联系。植物在光合作用过程中，主要同化波长 400～700nm 的可见光能量，约占总辐射的一半，称为光合有效辐射。光合有效辐射是植物生命活动、有机物合成和产量形成的能量来源。此外，光强、光质和光照时间的长短都会对植物的生长和发育产生影响。光对植物的生态作用受光照度、日照长度、光谱成分影响。这些光因素各有其时间和空间的变化规律，随着不同的时间和地理条件而发生变化。

（二）大气圈

大气圈是地球表面保卫整个地球的一个气体圈层。从地球表面到高空 1 100km 的范围内都属于大气层，但是大气质量的 99％ 集中在离地表 29km 之内。根据温度变化情况把大气圈划分为四层：对流层、平流层、中间层和电离层。对流层空气的垂直对流运动显著，温度随高度升高而降低。平流层空气比对流层稀薄，主要是平流运动，气温变化不大。中间层又称散逸层，温度自下而上骤降，并有强烈的垂直活动。中间层以上是电离层，空气非常稀薄。大气圈厚度虽有 1 000km 以上，但构成生物生长的气体环境部分主要是贴近地面的对流层。对流层厚度在不同的纬度地区是不同的，赤道附近厚度 16km，在两极只有 8km，中纬度地区 10～20km。对流层的显著特点是空气上下不停地相对流动着，水蒸气最为集中，尘埃也多，主要的天气现象，如云、雾等都发生在这里，大气质量的 75％ 都集中在这里。大气是一种混合气体，还含有一些悬浮的固体杂质和液体微粒。大气圈中的空气是复杂的混合物，如果没有严重的环境变迁和污染发生，它的组成是一定的。大气的主要成分是氮气、氧气、氢气和二氧化碳，在 25km 以下所占容积的比例分别为 78.09％、20.95％、0.93％、0.03％，其他次要成分不足 0.01％。

生物大多出现在地表 50～70m 以下的气层中，离地表面 1km 外的大气中就很少有生物了。大气圈在提供和保护地面生物的生存条件中起着良好的作用，同时也供给生物生存所必需的碳、氢、氧、氮等元素。大气圈不仅能够防止地球表面温度的急剧变化和水分的散失，还能保护地面的生物免受外层空间多种宇宙射线的辐射。大气层中的物理变化过程导致的气候各因素变化直接影响生物的生存、生长发育和生物的分布。

（三）水圈

地球作为太阳系的行星适于生命的发生发展，一个重要原因是它具有广泛分布的水。围绕地球表面各种类型的水所覆盖的部分统称水圈。地球表面的 71％ 为海洋所覆盖，平均深度为 3 600m，在陆地表面都有水的存在，大气圈中也有水汽和水滴的存在。地球上的水有两大特征：从动态看，水在全球循环更替，形成统一的、连续的水圈；从数量上看，地球上水的总量大约有 14 亿 km³，是相对平衡的。水在全球循环有 3 种基本方式：一是通过固相、液相、气相三态变化与大气混合，随着大气环流或地区性环流，做远距离传播；二是在盛行风作用下，以洋流形式在海洋中做大规模运动；三是在重力作用下，以径流形式由陆地汇入海洋。水的分布影响着生物的生存与分布。陆地中的大气水和河川水最为活跃，它们每年更替，但又保持动态平衡，对农业有直接意义的水资源主要指这一部分。

1. 水是生命活动的基础 水是生物新陈代谢的直接参与者。生物的新陈代谢是以水为介质进行的，水对许多化合物有水解和电离作用。生物体内营养物质的运输、废物的排除、信息的传递以及生命赖以生存的各种生物化学过程，都必须在水溶液中才能进行。水还能维持细胞和组织的紧张度，使生物保持一定的状态。水的比热大，吸热和放热过程缓慢，因此水对稳定环境温度有重要意义，是地球表面重新分配太阳能、缓和天气变化幅度的重要因子。

2. 水的运动有其深远的意义 洋流调节全球热量分布和气候。径流输送元素和地表物质。环流实现全球水热再分配和水量平衡。降水对动植物的数量和分布也有影响，如降

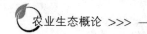

水量最大的赤道热带雨林中动植物数量多，荒漠地区单位面积物种数则少。

（四）土壤圈

岩石圈表面的风化壳是土壤的母质，母质中含有丰富的矿质营养，在水分、有机质和生物的（特别是微生物）长期相互作用下形成土壤。土壤是岩石圈表面能够生长动物、植物的疏松表层，是陆地植物生活的基质，能提供植物生活所必需的矿物质元素和水分，是生态系统中物质与能量交换的重要场所。土壤是由固体（无机物和有机物）、液体（土壤水溶液）和气体（土壤空气）组成的三相复合系统。固相中无机部分由一系列大小不同的无机颗粒所组成，包括矿质土粒、沙、硅质黏土、金属氧化物和其他无机成分；有机部分主要包括非腐殖质和腐殖质两大类。除了上述三相成分之外，每种土壤有其特定的生物区系。土壤圈具有独特的结构和化学性质，同时拥有巨大的吸收能力和储藏能力，为生物的生长提供了相当适宜的条件。土壤是植物生长繁育的基础，也是物质和能量重要的储存和转化场所。

每一种植物，只能在适应于它的环境条件下生长和发育。植物的生态环境分为非生物因子和生物因子两大类，其中非生物因子包括气象因子（温度、光照、空气等）、土壤因子（土壤的物理性质、化学性质等）；生物因子包括了植物因子（如植物之间的共生、寄生、附生等关系）、动物因子（如传粉、摄食、践踏等）、微生物因子。如上所述，植物的生态环境对植物的生长发育能够产生重要的综合作用。

土壤对植物最明显的作用之一就是为植物的根系生长提供场所，同时还供应植物生长发育所需的水分以及营养物质等。土壤的物理性质（如通气、排水、黏性等）决定着土壤的供水及供氧能力，而其化学性质（如酸碱度、肥力、有机物含量等）则决定着土壤供应养分的能力。因此土壤的物理性质和化学性质会影响植物根系深入土壤的深度以及土壤保持水分及供应养分的有效深度。土壤中含有的各类微生物会将土壤中的有机物分解转化为无机养分供植物吸收，而植物残根及其他留在土壤中的部分作为养分回归土壤，供下期植物生长。土壤是生物进化过程中的过渡环境。土壤还是转化污染物的重要场地，土壤中大量的微生物和小型动物对污染物都具有分解能力。土壤在一定情况下，也有可能发生温度、湿度等的巨大变化。

（五）生物环境

植物的生长除了非生物因子的影响，也有其特定的生物环境的影响。植物、动物及微生物之间的相互作用关系构成了植物的生物环境。其中植物间的相互作用关系包括营养关系、附生关系和竞争关系，植物与动物的相互作用关系包括植物与植食性动物的营养关系、植物与有益昆虫的共生关系及植物与有害昆虫的利害关系，植物与微生物的相互作用关系包括它们之间的共生关系、共栖关系和寄生关系。

第二节 农业生物间的生态关系

一、植物间的相互作用关系

由于资源的有限性，植物间存在着争光、争肥和争夺空间等竞争，同时长期进化的结果，导致有些植物之间相互依存，从而形成了各式各样的关系。

（一）营养关系

异养型寄生植物有的完全依赖寄主的营养物质，有一些植物如菟丝子，本身虽有少量的叶绿素，但不能满足自身需要，还需通过特殊的管状吸器插入寄主茎内吸取有机营养物质，还有一些半寄生植物可以自己进行光合作用，但需要从寄主摄取水和无机养料。

（二）附生关系

附生植物着生在其他植物地上器官表面，相互之间并没有营养上的直接联系，属于自养型。附生植物不接触土壤，水分来源依靠雨水、露水乃至空气中的气态水。由于水分条件的多样性，附生植物包含水生、旱生等多种类型。藤本植物扎根于土壤，但茎不能直立，通过攀缘或缠绕支柱植物而向上生长。这样既可获得充足的光照，又无须过多消耗营养用于茎部加粗生长。缠绕性木质藤木对支柱植物影响大。幼藤遇到粗细适度的幼枝后开始缠绕，而且迅速延伸到树冠。绞杀植物开始附生于支柱植物上，长出气生的网状根系紧紧包围树干并向下扩展，直到伸入地面下形成正常根系。

（三）竞争关系

在植物幼苗生长过程中，总是受到包括地下根竞争在内的各种竞争影响。植物间的竞争主要与光合有效辐射、水分和各种营养相关。当外来植物侵入森林群落时，可能受到群落中其他植物竞争的影响。植物间的竞争作用是影响植物生长、形态和存活的主要因素之一。

二、植物与动物的相互作用关系

（一）植物与植食性动物的营养关系

植食性动物以植物为直接营养来源，动物在这个过程中起到的授粉及传播种子的作用。

（二）植物与有益昆虫的共生关系

种子植物通过异花授粉实现基因交流，从而增强该种植物适应环境的能力。长期以来，动物对植物种子的散布使植物也具有相应的特征。附着式传播种子的植物借助果实上的钩状物或刺状物挂在动物身上，或分泌黏液附着在动物身上，其种子可被携带到一定距离的地方。被食型传播种子的植物会产生肉质果实以吸引动物来取食，但其种子有厚壳保护，可使其安全通过动物的消化道，被排泄在较远的地方。此外，鼠类或鸟类等动物迁移、存储某些植物果实，亦能起到散布种子的作用。

（三）植物与有害昆虫的捕食关系

少数食虫类植物能利用变态叶捕食小虫，并分泌出含酶的消化液溶解捕获物，产生氨基酸以供吸收。

三、植物与微生物的相互作用关系

（一）植物与微生物的共生关系

植物与微生物之间的共生（symbiosis）现象表现为异种之间营养的相互交流和相互补充。植物与微生物紧密联系，共同生活，使双方都可以从中获得好处，如豆科植物与根瘤菌的互利关系。根瘤菌在土壤中单独生活时生有鞭毛，受豆科植物根毛排放出的物质吸

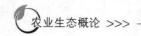

引运动到根边，溶解细胞壁而进入根内，之后脱去鞭毛变成杆状。周围的根细胞受它刺激而加强分生机能形成根瘤（图 2-1）。根瘤菌从寄主体内获取水分、盐类、有机酸和糖类，供给寄主含氮化合物。借助这种共生关系，豆科植物能在贫瘠的土壤上保持正常生长，不同种类根瘤菌有不同共生的寄主。

图 2-1　豆科植物根部的根瘤

（二）植物与微生物的共栖关系

植物和微生物表现为共栖关系（commensalism），共同生存，但没有明显的利害关系，有时一方虽受益但不影响另一方。例如，在植物的根围和叶围通常有许多非病原微生物，如一些细菌、丝状真菌、放线菌和酵母菌等。这些微生物虽可利用植物分泌的有机物，但不会对植物的生长发育产生影响，甚至有些种类还能拮抗植物病原物，可作为生防菌开发利用。

（三）植物与微生物的寄生关系

植物与微生物的寄生（parasitism）关系是指微生物依赖植物提供其所需的营养物质的生活方式。提供营养物质的植物称之为寄主（host），而得到营养的微生物为寄生物（parasite）。会导致植物产生病害的病原物均为异养生物，自身不能制造营养物质，需依赖寄主的营养物质而生存。

四、农业生物间的生态网络

植物、动物和微生物这三类生物在生命的起源、演化进程中具有密切的亲缘关系。它们既具有普遍的共性，又各自进化出了互不相同的特性。在地球生物圈这个复杂的生态系统中，植物和一部分与植物有亲缘关系的自养微生物都是生产者，而包括人类在内的动物均为消费者，微生物则是分解者，三者息息相关，生物圈中的物质循环和能量流动主要由这三者协同作用运转。

其中，由植物根系所排放的分泌物是植物与土壤之间进行物质交换及信息传递的重要载体，也是植物响应逆境的方式之一，构成了植物独特的根际微生态环境，同时亦是根际对话的主要调控者。根系分泌物对于生物地球化学循环、根际生态过程的调控、植物生长发育等均具有重要作用，尤其是在调控根际微生态系统结构与功能方面发挥着重要作用，调节着植物与植物、植物与微生物、微生物与微生物间复杂的互作过程。植物化感作用、农作物间套作、生物入侵、生物修复等都是现代农业生态学的研究热点，它们均涉及非常复杂的根际生物学过程。越来越多的研究表明，不论是同种植物还是不同种植物之间相互作用的正效应或是负效应，都是由根系分泌物介导下的植物与特异微生物共同作用的结果。近年来，随着现代生物技术的不断完善，有关土壤的研究方法与技术取得了长足的进步，尤其是各种新技术，如环境宏基因组学、宏蛋白组学、宏转录组学、宏代谢组学等宏组学技术的问世，极大地推进了人们对土壤生物世界的认知，尤其是对植物地下部生物多样性和功能多样性的深层次剖析。根际生物学特性的研究成果被广泛运用于指导生产实践。深入系统地研究根系分泌物介导下的植物、土壤与微生物三者间的相互作用方式与机理，对揭示土壤微生态系统功能、定向调控植物根际生物学过程、促进农业生产可持续发展等具有重要的指导意义。

根系分泌物介导下的植物、土壤、微生物三者间相互作用的研究正成为现代科学研究的热点问题之一。近几十年来，随着现代生物化学与分子生物学研究手段与技术的日新月异，有关植物根际生物学特性的研究成果也日益丰富与深入。众多研究发现，植物的根系分泌物对根际微生物群落构成具有选择塑造作用，不同的植物体其根际微生物群落结构具有独特性与代表性，反之，根际微生物群落的结构变化也会影响植物根系分泌物的释放、土壤中物质的循环、能量的流动及信息传递，从而影响植物的生长发育过程。

第三节　农业生物与环境的生态关系

生物与环境作为一个整体是不可分割的，二者相互依存并相互影响。这种关系在生物界普遍存在，这意味着生物必须适应其所处的生活环境才能够继续生存、繁衍；在生物适应环境的同时，生物也深刻地影响着周围环境，使所处环境朝着有利于自身生存的方向发展。

适应环境的不同生物形成了生物的多样性。生物适应多变环境的能力来自生物自身的遗传基因，同时在表征上产生了一系列适应新环境的器官结构，甚至产生新的生物物种。如适应极端生存环境的嗜热菌、嗜盐菌、生活在火山周围的海洋鱼类以及因滥用抗生素所产生的耐药病菌等。

任何一种生态因子对每一种生物都有一个耐受性范围，范围有最大限度和最小限度，人们把这一耐受性范围称之为生态幅（ecological amplitude）。对环境变化比较敏感的物种其生态幅就比较狭窄，如大熊猫因为食性单一，自然分布少，成为濒危物种。生物适应环境变化的过程非常科学，人们从一些生物体的形态结构及功能的原理上受到启发，发展了仿生学。仿生学是许多重大科技发明的源泉，如模仿鸟的翼发明了飞机，模仿蝙蝠的回声定位发明了雷达等，都是我们学习和借鉴大自然智慧的结晶。

生物的进化的过程是从水生到陆生，从简单到复杂，从低级到高级的过程。随着地球环境的剧烈变化，生存的环境也日趋复杂，生物之间的相互影响使生物体在自身结构上不断完善，从细胞、组织到各种独特功能的器官，活动空间也不断扩大，最终产生多种多样不同进化地位的生物种类。随着种群不同个体之间联系交流、分工合作的程度不断加强，分化出各自独特的生态位，增强了物种抵御不良环境的能力，提高了群体的竞争力，彼此间相互适应相互影响，为物种的生存和繁衍提供了保障。经过漫长而又复杂的生物进化，生物与环境之间已经融为一个不可分割的整体，彼此相互作用、相互影响、相互依赖。生物也深刻地改变着原有的生存环境，为后来物种的出现创造了适宜的条件。苔藓植物、蕨类植物、裸子植物和被子植物先后出现，使生物与环境达到高度协调统一。但人类大肆砍伐森林、破坏草地与湿地、围湖造田、超量排放温室气体等无视生态规律的行为，导致全球气候异常变化，水土流失、土地沙漠化严重。同时过度捕杀某些生物造成食物链层次减少，甚至断裂，人类的过度开发使很多生物面临失去栖息地的危险，或成为濒危物种，生物多样性遭到破坏，最终对人类自身的生活也产生严重影响。

一、生物对环境的生态适应

生物对环境的生态适应性（ecological adaptation）是生物在生存竞争中为适应环境而形成具有特定性状的一种表现。环境中各生态因子对生物的综合作用，最终表现出生物的趋同和趋异适应。所谓趋同适应（convergent adaptation）是指亲缘关系相当疏远的生物，由于长期生活在相同的环境条件下，通过变异、选择和适应在器官形态等方面出现很相似的现象。如哺乳类的鲸、海豚、海象、海豹，鱼类的鲨鱼，它们在亲缘关系上相距甚远，但都长期生活在海洋中，整个身躯形成适于游泳的纺锤形。同种生物的不同个体群，由于分布地区的差异，长期接受不同环境条件的综合影响，个体群之间在形态、生理等方面产生相应的生态变异，这种适应性变化被称为趋异适应（divergent adaption）。如蓖麻（ricinus communis）在我国北方是一年生的草本植物，而在南方却是多年生的亚灌木植物。北极熊是由棕熊进化而来，皮毛为白色，与北极的环境颜色相同，有利于其捕食；肩部呈流线型，足掌有刚毛，可以使其在冰上行走而不滑倒。另外，北极熊属肉食动物，而棕熊虽属于肉食目，但经常食用一些植物，这表明为了适应不同的环境，同种动物发生趋异适应来满足其生存的要求。

（一）生活型

长期生存在相同的自然生态环境或人为培育环境条件下的不同种生物，发生趋同适应，经自然选择或人工选择后所形成的具有类似形态、生理和生态特性的物种类群，称为生活型（life form）。生活型主要从形态外貌上进行划分，是种以上的分类单位。生活型的划分方法有很多种，同一生活型在亲缘关系上可能相距很远，但亲缘关系相距很近的生物种则可能属于不同生活型。蝙蝠和大多数鸟类一样以飞行来捕捉空中的昆虫为生，它的前肢已经突出，像鸟类的翅膀，却属于哺乳动物。植物群落生活型的组成特征是当地各类植物与外界环境长期适应的反映。研究表明，一个大地域的典型植被，均有一定的生活型谱，而且一定的植被类型一般都以某一两种生活型为主，各拥有较丰富的植物种类。

（二）生态型

同种生物的不同个体群，由于长期生长在不同环境中，受不同的生态环境或人工培育条件影响，种内的不同个体群之间产生了变异和分化，这些变异在遗传性上被固定下来，并经自然选择或人工选择所形成的在形态、生理和生态特性上不同的基因型类群，称之为生态型（ecotype）。生态型是分类学上种以下的分类单位。生态型是与特定生态条件相协调的基因型集群，是植物同一种内适应于不同生态条件的遗传现象，存在遗传基础的生态分化，是同一种植物对不同环境条件的趋异适应。一般来说，生态分布区域很广的种类，其生态型也多；适应性狭窄的种类，所形成的生态型也单一。有的植物种，其变异式样有部分的不连续性，所分化的生态型能够识别；也有许多广布种由于变异的连续性，虽然生态型性质有变异，却不能确切地识别出各个生态型。分布广泛的生物，在形态学上或生理学上的特性表现出空间的差异，这种变异和分化与特定的环境条件相关联，同时生态学上的变异是可以遗传的。

研究生态型有助于分析植物种内生态适应的形式和了解种内生态分化的过程与原因，也可为选种、育种、引种工作提供理论根据。生态型已成为育种工作中发展的新动向之一，通过研究植物的不同生态型，从而有目的、定向改造植物物种，加速新物种形成，并从中选择性状优良的生态型，利用其生产效能获得高产。通过环境条件的控制和改造，可使植物定向改变，形成更多优质的生态型，以促进农、林、牧业发展。总之，生态型的研究，对研究物种的进化具有重要意义，在生产上的应用也日益广泛。

（三）生态位

生态位理论是生态学中重要的基础理论之一，物种竞争、物种多样性、群落结构和功能、物种演替与种群进化以及群落物种积聚等原理均建立在生态位理论基石上。生态位（ecological niche）是生物物种在完成其正常生活周期时所表现出的对环境综合适应的特性，即一个物种在生物群落和生态系统中的功能与地位。在具体研究中，又常把生态位分为基础生态位（潜在生态位）、现实生态位（实际生态位）和空闲生态位等几种，而且量化研究时也有人用生态位宽度、生态位体积、生态位重叠度等进行描述。

如果多种生物都利用同一资源，这时就会发生生态位重叠现象，当这种重叠是在环境容量已经充分饱和的情况下发生的，就会导致竞争排斥，最终结果是部分生态位相似的生物死亡或在特征置换后得以继续生存。在种植配置时，应该要考虑各个种的生态位相似性、生态位宽度和生态位重叠，以及它们之间是否存在利用性竞争的生态关系，使所建立的人工栽培群落处于一种高度和谐的系统之中，避免引入种与原有种之间产生较大的生态位重叠而出现激烈竞争，提高初级生产力。

生态位理论也是解释森林群落演替动态的一种方法。种群的资源利用能力是种群分布与群落演替的内在动力。随着群落的发展或演替，种群的生态位宽度会发生变化，对不同时期的种群生态位宽度进行测定，有利于深入了解整个群落的发展动态。实际生态位则可用于种内或种间的比较，还可以作为基础生态位研究的资料，从这些资料中能够探索种群和群落的动态等；不同于原始生态位（即竞争前生态位或生理幅度）的基础生态位，可以为群落结构和演替动态的研究提供线索。在群落演替过程中，当种群大小与资源的可利用程度呈现相对平衡时，由于资源可满足种群的需要，种群不会表现出生态位压缩和释放；当种群大小超过资源的负荷时，资源就出现匮乏，种群衰退。同时，种群的增长将进一步影响环境，资源的耗损也会加速，这样就会限制原有种群的发展，压缩其实际生态位，从而为其他物种的生态位释放奠定基础。

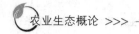

二、环境对生物的限制作用

环境（environment）是指作用于生物个体或群体的外界条件的总和。生物要不断地从环境中摄取物质和能量，因而受到环境的限制。

（一）生态因子的限制特征

1. 最小因子定律 该定律是由 19 世纪德国农业化学家 Liebig 首次提出的，他是研究各种因子对植物生长影响的先驱者。1840 年，他首次提出了"植物的生长取决于那些处于最少量状态的营养元素"。其基本内容是：低于某种生物需要的最少量的任何特定因子，是决定该种生物生存和分布的根本因素。因此，后人便将这一定律称为利比希最小因子定律（Liebig's law of minimum），亦称之为木桶理论（barrel theory），即在其他条件基本满足的情况下，植物产量的高低就好比一个木桶，装水容量（capacity）的多少取决于构成该木桶的最短板条（staves）。可见，当最短板条加长，如栽培上增施磷肥，产量相应提高，这时氮肥便成为新的最小因子。因此利比希最小因子定律只适用于孤立的稳态系统，应用这一定律时必须考虑各因子量的变化状况以及因子作用的阶段性、互补性和综合性等特点。

2. 报酬递减率 指单增加某种养分因素的单位量所引起的产量增加，与充分供给该养分因素时的最高产量和现在产量之差成比例的法则，即其他养分充足时，由于增施某种养分，而产量也随之增加，但并不完全呈线性增加的，随着养分的不断增加产量的增加率却逐渐下降，即在达到最高产量后，产量则不再增加，此时意味着产量的增加则为 0。即：

$$dy/dx = a(A - y) \text{ 或 } y = A(1 - e^{-ax})$$

这里 y 为产量，x 为养分量，A 为最高产量，a 为效应率（作用因素）。养分量如果超过最高产量的需要量（最适量），反而引起产量降低，后人便将这一现象称为报酬递减现象。

3. 限制因子定律 Blackman 注意到，因子处于最小量和过量时，都会成为限制因子。他于 1905 年发展了利比希最小因子定律，并提出生态因子的最大状态也具有限制性影响，这就是众所周知的限制因子定律（law of limiting factor）。Blackman 指出，在外界光、温度、营养物等因子数量改变的状态下，通常可将生理现象（如同化过程、呼吸、生长等）的变化归纳为 3 点：生态因子处于最低状态时，生理现象全部停止；在最适状态下，显示了生理现象的最大观测值；最大状态之上时，生理现象又停止。Blackman 还阐明，进行光合作用的叶绿体受 5 个因子的控制：水、CO_2、辐射能强度、叶绿素的含量及叶绿体的温度。当一个过程的进行受到许多独立因素支配时，其光合作用的进行速度将受最低量因素的限制，人们把这一结论看作是对最小因子定律的扩展。

4. 谢尔福特耐受性定律 耐受性定律由美国生态学家 V. E. Shelford 于 1913 年提出。生物对其生存环境的适应有一个生态学最小量和最大量的界限，生物只有处于这两个限度范围之间才能生存，这个最小到最大的限度称为生物的耐受性范围。生物对环境的适应存在耐性限度的法则称为耐受性定律（Law of tolerance，图 2-2）。一种生物的机能在最适点或接近最适点时发生作用，趋向这两端时就减弱，然后被抑制。从生态因子资源管理角度讲，任何生物对生态因子的利用或适应有一个最小、最适和最大的三基点要求。当某一因子从最低量向最适量增加时，生物产量或适合度提高，报酬增加，而当某一因子继续增加，并从最适量向最大量靠近时，生物产量下降，报酬递减。1973 年 E. P. Odum 等对耐性定律作了如下补充：

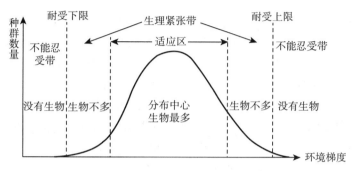

图 2-2　生物对生态因子的耐受曲线示意

（1）同种生物对各种生态因子的耐性范围不同，对一个因子的耐性范围可能很广，而对另一因子的耐性范围可能很窄。

（2）不同种生物对同一生态因子的耐性范围不同。对主要生态因子耐性范围广的生物种，其分布也广。仅对个别生态因子耐性范围广的生物，可能受其他生态因子的制约，其分布不一定广。

（3）同一生物在不同生长发育阶段对生态因子的耐性范围不同，通常在生殖生长期对生态条件的要求最严格，繁殖的个体、种子、卵、胚胎、种苗和幼体的耐性范围一般都要比非繁殖期的要窄。例如，植物在光周期感应期对光的要求很严格，在其他发育阶段对光的要求降低。

（4）由于生态因子的相互作用，当某个生态因子不是处在适宜状态时，则生物对其他一些生态因子的耐性范围将会缩小。

（5）同一生物种内的不同品种，长期生活在不同的生态环境条件下，对多个生态因子会形成有差异的耐性范围，即产生生态型的分化。

因此要了解特定地区生态环境的地位和作用，首先必须了解和掌握构成该地区环境资源的时空分布特点、生境形成的生态因子作用规律，区域环境资源开发利用的优势（最大量）与劣势（最小量），并根据生态因子的作用方式与作用法则，选择生物适应环境或改造生物适应环境，保证生物处于最适生理状态、最佳环境资源条件和最大投入效果。

（二）生物对生态因子耐受限度的调整

生物对环境生态因子的耐受范围并不是一成不变的，在长期的环境胁迫下，生物会通过各种机制加以调整适应。

1. 驯化　驯化是指在自然环境条件下所诱发的生理补偿变化，通常需要较长时间。有时将实验条件下所诱发的生理补偿机制也称为驯化。生物借助驯化过程调整其对某个生态因子或某些生态因子的耐受范围。如果一种生物长期生活在其最适生存范围偏一侧的环境条件下，就会导致该种生物耐受曲线的位置移动，并可产生一个新的最适生存范围，而最适范围的上下限也会发生移动。因此，驯化能在一定程度上扩大其生态幅。这种驯化对于小动物一般只需较短时间。驯化实质上是利用了生物的遗传变异性，并常常与引种工作联系起来。如三叶橡胶原产于巴西亚马孙河流域（5°N），现已在我国云南南部栽种（25°N）。生产上还常常利用这种原理在作物移栽前进行抗寒或抗旱锻炼，以提高其抗逆性。

2. 休眠 休眠（dormancy）即生物处于不活动状态的生理生态现象，是生物抵御暂时不利环境条件非常有效的生理机制。当环境条件超出了生物的适宜范围（但不能超出致死限度）时，虽然生物能维持生活，但却以休眠状态适应这种环境，因为动植物一旦进入休眠期，它们对环境条件的耐受范围就会比正常活动时宽得多。各类生物皆有休眠特性。如动物的冬眠（hibernation）和夏眠（aestivation）。植物休眠是指植物体或其器官在发育的某个时期生长和代谢暂时停顿的现象。通常特指由内部生理原因决定，即使外界条件（温度、水分）适宜也不能萌动和生长的现象。植物休眠有多种形式，一、二年生植物大多以种子为休眠器官；多年生落叶树以休眠芽过冬；而多种二年生或多年生草本植物则以休眠的根系、鳞茎、球茎、块根和块茎等适应不良环境。分布在不同生态区域的植物其休眠的类型也不同，温带地区的植物进行冬季休眠，而有些夏季高温干旱的地区，植物则进行夏季休眠，如橡胶草。通常把由不利于生长的环境条件而引起的植物休眠称为强迫休眠（epistotic dormancy），而把在适宜的环境条件下，因为植物本身内部的原因而造成的休眠称为生理休眠（physiological dormancy）。因此，生态学所关心的休眠不是一般意义上的生理休眠，而是由于生态环境引起的强迫休眠，具有十分重要的生态适应意义。

3. 内稳态 内稳态（homeostasis）是生物控制自身的体内环境，使其保持相对稳定状态，是进化发展过程中形成的一种自我调节机制。具有内稳态机制的生物借助于内环境的稳定而相对独立于外界条件。内稳态机制大大扩大了生物对生态因子的耐受范围。生物的内稳态是有其生理和行为基础的。很多动物都表现出一定程度的恒温性（homeothermy），即能控制自身的体温。控制体温的方法对于恒温动物，主要是靠控制体内产热的生理过程，对于变温动物则主要靠减少热量散失或利用环境热源使身体增温，这类动物主要是靠行为来调节自己的体温，而且十分有效。维持体内环境的稳定性是生物扩大环境耐受限度的一种主要机制，并被各种生物广泛利用。但是，内稳态机制虽然能使生物扩大耐受范围，但却不能完全摆脱环境所施加的限制，因为耐受范围不可能无限扩大。事实上，具有内稳态机制的生物只能增加自己的生态耐受幅度，使自身变为一个广生态幅物种或广适应性物种（eurytopic species）。依据生物对非生物因子的反应或者依据外部条件变化对生物体内状态的影响，可以把生物区分为内稳态生物（homeostatic organisms）和非内稳态生物（non-homeostatic organisms）。这两类生物之间的基本差异是决定其耐受限度的根据。对非内稳态生物来说，其耐受限度只简单地取决于其特定酶系统起作用的温度范围。对内稳态生物来说，其内稳态机制能够发挥作用的范围就是它的耐受范围。总之，生物对不同非生物因子的耐受性是相互关联的，可以借助于驯化过程而加以调整，也可在较长期的进化过程中发生改变。内稳态机制只能为生物提供一种发展广耐受性的方式。

4. 生物钟 生物钟（circadian clock）又称生理钟，指生物体随时间作周期变化的现象，包括生理、行为及形态结构等变化，实际上生物钟是生物体生命活动的内在生物节律性（biorhythm），它是由生物体内的时间结构序所决定。20世纪80年代，由于分子生物学的发展，生物钟的研究取得了突破性的进展。1971年英国科学家在其研究的果蝇中发现了一只特殊果蝇，它的生物钟只有21h。科学家花了14年时间，直到1985年才找到了引起这个果蝇生物钟异常的基因。这就是人类第一次发现与生物钟相关的基因，这个基因被命名为周期。科学家一直试图克隆该基因在其他物种，尤其是哺乳动物的类似基因，但一直未能成功。1997年《细胞》杂志上发表了一篇论文，科学家通过对上万只实验鼠的研究，发现了一只实验鼠的生物钟周期是27h，并定位克隆了导致该变异的基因，命名为"时钟"基因（ClockGene）。日本科学家发现人类生物钟的周期比时钟相差18min，而其他动物和植物的生物钟周期与时钟的差距更明显，一些动物的生物钟周期是23~26h，而植物是22~28h。生物体的节律变化一般与环境的周期变化相对应，也可以看作是对环境周期变化的应答。很多生物的节律现象直接和地球、太阳及月球间相对位置的周期变化对应。广泛存在的节律使生物能更好地适应外界环境，并通过相位适配关系保持生命过程的协调统一。

（三）生物对生态因子的胁迫适应过程

环境胁迫（environmental stress）是指环境对生物体所处的生存状态产生的压力。在生态学上，胁迫是指一种显著偏离生物适宜生活需要的环境条件。自然环境中的胁迫是由于太多或太少的能量输入，过快或过慢的物质循环，或不适宜的外部影响而产生的。在非生物环境胁迫因子中，气候因子占大多数，如极端气候条件，不良的土壤环境和水肥条件等。

Levitt（1962）认为植物抗逆性主要包括两个方面：避逆性（stress avoidance）和耐逆性（stress tolerance）（图2-3）。避逆性指在环境胁迫和它们所要作用的活体之间在时间或空间上设置某种障碍，从而完全或部分避开不良环境胁迫的作用；如沙漠中的植物只在雨季生长等。耐逆性指活体承受了全部或部分不良环境胁迫的作用，但没有或只引起相对较小的伤害。耐逆性又包含避胁变性（strain avoidance）和耐胁变性（strain toler-

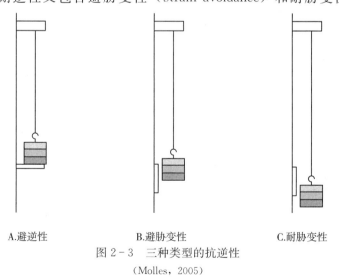

A.避逆性　　　　　　　　　B.避胁变性　　　　　　　　C.耐胁变性

图2-3　三种类型的抗逆性

（Molles，2005）

注：图中砝码表示生物受到的外界胁迫，砝码下面支撑的木板表示生物在一定范围内对逆境环境具有承受性，绳子的长度表示生物对胁迫的耐受能力大小。

ance)。避胁变性是减少单位胁迫所造成的胁变，分散胁迫的作用，如蛋白质合成加强，蛋白质分子间的键结合力加强和保护性物质增多等，使植物对逆境下的敏感性减弱；耐胁变性是忍受和恢复胁变的能力和途径，它又可分为胁变可逆性（strain reversibility）和胁变修复性（strain repair）。值得注意的是，一种植物可能有多种抗逆方式，并由于植物处于不同的生长发育阶段、生理状态，不良环境胁迫作用的不同或几个环境因子共同作用的不同，植物的抗逆性方式是可变的，而且相互间的界限也不清楚。

加拿大学者 Selye（1973）描述了生物受到胁迫后的 3 个反应阶段：预警阶段（alarm phase），机体表现出最初的变化；抗性阶段（resistant phase），预警反应消失，抗性增强；耗尽阶段（exhaustion phase），机体适应能力完全耗尽，无法抵抗，走向死亡。根据 Selye 理论，机体遇到胁迫后最初的生理反应是对环境变化的适应，随着胁迫的继续加强，开始出现额外的补偿性反应，如生物通过其内部的生理过程（保护酶活性增强，热激蛋白）等自我调节增强抗性。若胁迫的强度足够大、持续时间足够长，生物将发生不可逆的生理反应，直至细胞解体甚至死亡。行为上的抵御性反应一方面能够降低机体在胁迫中的暴露程度，另一方面可以减轻胁迫造成的生理性伤害。当然有些生物能通过基因突变或表达修饰，通过表观遗传（epigentics）实现再生。

（1）预警阶段。环境变化引起的失调，是紧接着生命活动正常进行所需的结构与功能不稳定后发生的。在胁迫反应中，预警阶段从分解代谢超过合成代谢开始，以蛋白质合成或保护性物质重新合成的形式迅速启动。过快和过强的胁迫则引起细胞整体性破坏甚至死亡。

（2）抗性阶段。在连续胁迫下，有机体抗性增加，因自我修复作用而使有机体适应，即稳定性改善。

（3）耗尽阶段。胁迫状态延长或胁迫因子强度增加，生物出现不可逆的损害阶段。

与 Selye 的观点相类似，Levitt（1980）基于物理学原理提出了一个适用于所有生物个体的胁迫反应理论，即物理学胁迫观点（图 2-4）。个体受到外界胁迫时，就像物理学

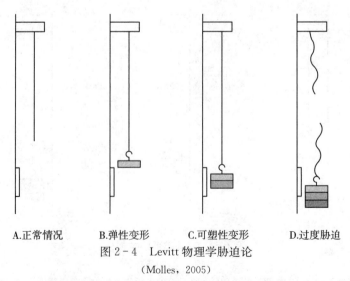

A.正常情况　　B.弹性变形　　C.可塑性变形　　D.过度胁迫

图 2-4　Levitt 物理学胁迫论

（Molles，2005）

注：图中砝码表示生物受到的外界胁迫大小，砝码下面支撑的木板表示生物在一定范围内对逆境环境具有承受性，绳子的长度表示生物对胁迫的耐受能力大小。

上发生有弹性的变形。但当胁迫增强时，就对生物个体产生可塑性的作用。当胁迫超过生物个体的承受能力时，生物与环境之间的平衡就被打破。

三、生物与环境的协同进化

生物是环境的主体，生物有机体的存活需要不断地与其周围环境进行物质与能量的交换。一方面环境向生物有机体提供生长发育和繁殖所必需的物质和能量，使生物有机体不断受到环境的作用；另一方面，生物又通过各种途径不断地影响和改造环境。生物与环境相互作用，相互影响，构成了复杂的体系，使得生物不可能脱离环境而存在。生物与环境不断地相互协调过程在农业生产上有很大的实践意义。

（一）协同进化

自然生物群落中，生物之间不仅有体现为负相互作用的竞争关系，同样也有互利互惠的协同关系。协同进化一般是指进化过程中两个相互作用的物种所达成相互适应的共同进化，即不同种生物间相关性状在进化中得以形成和加强的过程。广义上，协同进化也指生物与生物、生物与环境之间在长期相互适应过程中的共同演化或进化。

在捕食者和被捕食者的进化选择中，被捕食者向着逃避捕食者捕食的方向发展，而捕食者则朝着提高捕食效率的方向发展，协同进化限制了捕食者的食物范围。在植物与草食动物的协同进化中，草食动物形成了只能取食有限种类的植物，甚至只取食一种植物，例如三化螟只取食水稻。很多动物只吃植物的特定部位，避免了对自身生存基础的破坏。被吃的草本植物也形成了生长点受保护、耐践踏、有地下茎、种子数量较多、被采食后能良好再生等一系列适应性状。植物的次生代谢物在生物侵袭的胁迫下迅速进化发展，各种昆虫（及其他生物）与这些植物的化学防御物质有关的适应性进化也并行发展。寄生者与寄主的协同进化，也出现类似有害作用减弱的情况。寄生者在入侵的机体中形成的致病力也受到进化上的限制。假如致病力过强，将会使寄主种群消失，那么寄生者也会随之灭亡。致病力还遇到来自寄主的自卫防御，例如免疫反应等。

协同进化也可理解为相关发展，从这个意义上说，农业生物与相关的农业技术也产生协同进化。例如水稻品种特性与水稻栽培技术有明显的协同进化关系。

生物的生态过程具体表现为竞争与协调，竞争是两个生物争夺同一对象而产生的对抗作用，是生物在生态过程中的分离行为，其结果是生物之间相互制约。反之，协调是生物在生态过程中的一致性行为，协调的结果是生物之间相互平衡，共同受益。虽然竞争是由于资源或环境问题引起的，但竞争往往是指生物之间的关系，而协调既可以指生物之间，也可以指生物与环境之间的关系。

在自然选择的作用下，生存竞争推动了生物的进化。自然生物群落中构成群落的多个物种之间此消彼长，并在某一个阶段达到物种之间的平衡。竞争也是物种向多功能进化的作用力，在不同生物之间的生存竞争中，通过自然选择使竞争力最强、生长潜力最大，以及群体利用环境资源最充分的物种得以生存繁衍，从而体现了自然界生物进化的意义。竞争也促使环境资源被重新分配利用，只有那些在环境资源有限条件下，仍然能够维持较高水平的生存力、繁殖力的物种，才会取得竞争的成功。达尔文的进化论过分强调了生存竞争，而忽略了生物之间在其他环境等方面的诸多联系，即把生物之间实际存在的大量协调

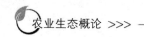

关系都一并归入"优胜劣汰"之列，这显然是不全面的。在反映生物对某种环境（非生物）条件的适应进化时，竞争进化只在一定范围或水平上发生。

在自然界中，生物与生物之间、生物与环境之间的协调关系也是影响生物进化的一个关键因素。自然群落中的种群，通过相互之间的竞争与协调，实现种群之间的协同进化。如当前处于食物链底层的某些低等生物，如某些微生物和低等植物等，在与其他生物长期的竞争中，表现出与环境的协同进化。

自然界存在许多协同进化的关系。如在温带地区，一年四季分明，由光照、水分和温度等因素所综合构成的环境条件，对生物的生长发育以及繁殖活动常有明显的影响。在热带的某些地区，光照和温度的变化幅度不像温带那样明显，但有旱季和雨季之分，也会影响到生物的生长活动，而它们对这种季节性变化的协调适应是由物种的遗传性来表达的。例如在某一环境条件中，一种昆虫要与特定的植物种类建立一种生态关系，二者必须有吻合的发生季节，即它们的相互作用发生的前提是时空的一致性。自然生态系统中的植物为昆虫提供了食物以及栖息的场所，同时有些昆虫也为植物传授花粉或搬迁种子，以协助植物繁衍和扩大生境，表现出协同进化现象。

从不同地质年代所发现的化石中可以发现，在地球演变过程中，不同时期各类生物发生和发展的过程，以及生物与环境的协同进化过程。目前，已知最早的生命痕迹，其生存年代大约在34亿年前。原始的地球缺乏氧气，大气中存在着许多还原性气体。当时地球缺乏臭氧层的保护，太阳的紫外线辐射很强。前寒武纪沉积岩薄片中存在类似细菌大小的微体古生物化石，经鉴定主要是一些细菌、蓝细菌（蓝藻）等元古代开始出现的一些原始动植物。一些早期生物还具有光合放氧的能力和抗紫外线辐射的能力，它们通过光合作用放出氧气，形成了保护地球的臭氧层，为以后其他真核生物的生存和演化创造了条件。在古生代，以水生无脊椎动物和藻类最繁盛，尤以甲壳类的三叶虫成为当时海洋的"主人"。随后，开始出现最早的脊椎动物——甲胄鱼类，古生代中期是鱼类的极盛时期。由于志留纪后期发生强烈的造山运动，出现了陆地，所以也出现了最早的陆生植物——裸蕨类。泥盆纪时期，地球上海面缩小，形成了大量的高山，气候变得炎热干燥，生物开始逐渐脱离水生环境向陆地发展。中生代气温逐渐上升、稳定，由于各大陆接邻海洋，沙漠缩小，大气中的湿度和氧气含量增加，原始哺乳动物和原始的鸟类已经出现，繁盛的被子植物也在这时发展起来。新生代出现了气候变冷、旱化等现象。低纬度与高纬度地区的温度梯度增大，各地区水分条件的差异加大，导致全球自然环境的多样化。哺乳动物和被子植物大发展，出现了灵长类。

综上所述，以协调作用为前提的生物进化明显更有利于促进生物界的整体发展。从全球生物多样性的角度看，协同进化是占主导的。协调有利于增强生态系统的多样性和稳定性。生态系统内多种生物之间的协调，以及生物与非生物环境之间的协调，能够促进这些系统组分之间有效的联结，提高系统的能量转化效率、有序性以及组织能力，从而保证生态系统的稳定性。

（二）生物与环境的协同进化在农业上的应用

生物的遗传变异是生物进化的内在因素和动力。环境条件的改变会引发生物性状的变异。当变异经过长期的积累和加强达到一定程度时，生物的新陈代谢类型就会发生变化。我们的祖先很早就根据生物与环境协同进化的规律，从野生动植物中选择和培育出了丰富多样的家畜、家禽和栽培植物。例如起源于我国的水稻，早在 4 000 多年前，勤劳的劳动人民就把野生稻驯化为栽培稻。自然条件下的野生稻植株矮小，穗小粒少，但野生稻在人工栽培下，所处环境发生了巨大变化，导致水稻产生了变异。人们又根据生产需要选留穗大、粒重的植株，并给予更为精细的管理，这样经过长期的选优去劣，并不断优化其生态环境，才有了现代种类繁多的栽培水稻。同样，家禽中的鸡，最早是源于野生原鸡，经人类驯化饲养，在与环境协同进化的漫长过程中，才逐渐成为家养鸡。

根据生物与环境协同进化原理，在引种过程中，要使引种目的地环境的各生态因子尽量都能满足所引生物个体生长发育的需求。实践证明，如果能够按照生物与环境之间相适应的原则进行，引种就容易获得成功。如在东南亚，当地的生态环境与橡胶树的原产地——南美亚马孙河流域热带雨林的条件非常相似，所以引种获得了成功，当前东南亚成为世界橡胶的主产区之一。

引种是发展农业生产的一项重要措施。在这方面有很多成功的案例，如原产于日本的水稻品种农垦 57 和农垦 58，以及原产于意大利的小麦品种阿夫，在引入我国后都曾增产明显。然而也有不少失败的教训，如在 20 世纪 50 年代，广东某地从河南引进了冬小麦品种，结果不抽穗，最终颗粒无收；东北引进湖南、湖北某些地区的青森 5 号粳稻品种，还在秧田里就开始幼穗分化、甚至抽穗，从而造成了大量减产。20 世纪 60 年代浙江引入的新疆细毛羊，不适应高温多雨、潮湿的自然环境，易染病虫结果种羊大批死亡。

要根据不同地区的自然生态环境特点，充分利用当地的环境条件，因地制宜进行作物布局，使作物与环境之间协调统一，提高生态效益和经济效益。如山东、河北、河南三省，大部分地区地势平坦、土质疏松、土层深厚、日照充足，水热条件与棉花的生态习性相符，尤其是春季气温回升快，秋季晴天多，非常有利于棉花早发稳长和吐絮，皮棉产量高。而南方一些省份因环境条件相对较差，皮棉的产量就相对较低。又如甘蔗属于热带、亚热带作物，在与环境的长期协同进化过程中，形成了喜高温多雨、生长期长的特点，适合在广东、广西、福建等地种植。

新开垦的荒地、荒滩，其土壤环境条件会随着种植措施以及时间而发生变化，需要合理安排农茬。如在盐分高、肥力贫乏，又缺水灌溉的滩地，可以先种植耐盐碱的黑麦草等，以改良土壤，待含盐量变低、肥力有所提高后再实施诸如棉花、麦类与绿肥之间的间套作轮作制度。还可以采取必要的工程措施改造环境，为生物提供适宜的生态环境，另外应特别重视生物方面的措施，充分发挥生物对环境的改造作用。如营造防护林能够有效改善农田小气候，防御自然灾害，有利于形成适宜作物生长的生态环境。

人类与环境之间的关系非常密切。虽然，人类可以改变生活的环境，但人类的活动同样离不开地理环境，因此人地协调统一至关重要。一方面，人类能够适应环境，另一方面，人类还可以积极的改造环境，使之适应人类生存发展的需要。人类对自然环境的改造主要是为了满足自身的利益，但是生态系统的内部结构极为复杂，各组分之间相互依存、相互作用，往往一个因素的变化会导致其他因素也发生改变。人类对自然环境的改造所带来的影响有一些可能有利于人类，有一些可能相反。因此，必须处理好人类与环境之间的协调统一关系。人类的主观要求与环境的客观规律之间会存在一些冲突，这就要求人类在改造自然环境时尊重自然规律，实现人与自然和谐相处。

第三章 | CHAPTER3
农业生态系统的结构

生态系统并不是生物与群落简单组成的综合体，而是由生物和环境共同组合而成的一个结构有序、相互制约、密不可分的整体。生态系统的结构与功能是相辅相成的，系统结构是系统功能的基础。对于一个特定的生态系统，有了系统的组成成分，并不能保证该系统的运转，还必须要有相应的结构关系，只有建立合理的生态系统结构，才能充分发挥生态系统的整体功能。只有当各个组分以一定的方式组合成一个完整的，并可实现一定功能的系统时，才能称之为一个完整的生态系统。

生态系统结构（ecosystem structure）指生态系统各组分在时空上的分布及各级组分间物质、能量、信息交流的方式和特点。生态系统的结构是生态系统的基础属性，它由三个方面共同决定：①构成系统的组分；②系统内组分的时空分布；③组分间联系和相互作用的方式和特点。具体而言，生态系统的结构包括生物组分的物种结构（多物种配置）、空间结构（多层次配置）、时间结构（时序排列）和营养结构（物质多级循环），以及这些生物组分和环境组分所形成的格局。这几个方面是相互联系、相互渗透和不可分割的。

当生态系统结构合理时，其能量流动、物质循环等生态功能就增强。生态系统功能的高低可以作为检验系统结构合理与否的尺度。例如，对于一个生态系统而言，动物、植物、微生物的种类以及每一生物种类的生物数量组成越合理，这个生态系统的能量流动、物质循环就越顺畅，它的稳定性就越强。合理的农业生态系统结构的主要标志：生物适应环境，生物之间相互配合，组分之间量比关系协调，有利于农业生产的可持续发展，有较高的生产力和经济效益。

第一节　农业生态系统的组分结构

一、农业生态系统的基本组分

自然生态系统的组分在结构上按照有无生命活动分为两大类：非生物组分（又称环境组分）以及生物组分（图3-1）。前者包括太阳辐射、无机物质、有机物质和土壤等；后者则包括以绿色植物为主的生产者、以动物为主的消费者和以微生物为主的分解者三大功能类群。

农业生态系统与自然生态系统相类似，也包括生物组分和非生物组分两大基本组分。但因为受到人类的参与及调控，其组分的构成不同于自然生态系统，其生物成分主要是人类驯化的农业生物，环境包含了人工改造的环境部分。

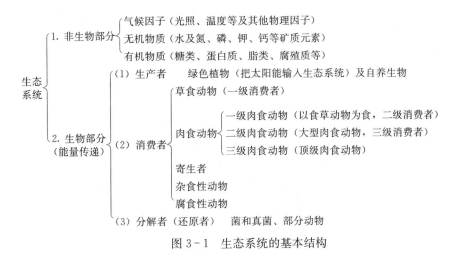

图 3-1 生态系统的基本结构

（一）非生物组分（环境组分）

非生物组分是农业生态系统中物质和能量的来源，包括无机物（如参加物质循环的碳、氮、钙、硫、磷、钾、钠等无机元素及化合物）、有机物（如蛋白质、糖类、脂类和腐殖质等联系生物与无机物之间的成分）和气候条件（如温度、压力、辐射、磁场等物理条件）等，是农业生态系统的重要组成部分，也是农业生态系统中生物赖以生存和发展的物质基础。

1. 太阳辐射（solar radiation） 农业生态系统的主要能源来自太阳辐射，包括直射辐射和散射辐射。通过自养生物的光合作用，太阳辐射能被转化为有机物中的化学能。同时，太阳辐射也为农业生态系统中的生物提供生存所需的温热条件。

2. 无机物质（inorganic substance） 农业生态系统环境中的无机物质，部分来自大气中的氧气、氮气（N_2）、二氧化碳、水蒸气和其他物质，另一部分则来自土壤里的氮、磷、钾、钙、镁、硫、水、氧气和二氧化碳等。

3. 有机物质（organic substance） 农业生态系统环境中的有机物质，主要来源于生物的残体和排泄物以及植物根系的分泌物，是连接生物与非生物组分之间的物质，如蛋白质、脂类、糖类和腐殖质等。

4. 土壤 作为农业生态系统的一个特殊环境组分，土壤不仅是无机物与有机物的储藏库，同时也是陆生植物最重要的生存基质和众多微生物、动物的栖息场所。

（二）生物组分

与自然生态系统一样，在生态系统的物质循环和能量转化过程中，根据生物组分的作用以及它们获取营养的方式，可以将其划分为三大功能类群，即以绿色植物和化能合成细菌为主的生产者、以动物为主的消费者和以微生物为主的分解者。在农业生态系统中，不同生物组分扮演着不同的角色（表 3-1）。

表 3-1 生态系统中生物组分的地位和作用

	生产者	消费者	分解者
营养方式	自养（包括光能自养和化能自养两种类型）	异养型生物	异养型生物

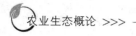

（续）

	生产者	消费者	分解者
主要生物	主要是绿色植物，还有蓝细菌等自养型生物	主要是动物，包括植食性、肉食性、杂食性动物；还包括寄生性植物和微生物	营腐生生活的动物和微生物。
地位	生态系统的主要成分、基石	生态系统的重要成分	生态系统的重要成分
作用	制造有机物，储存能量，为消费者提供食物和栖息场所	加快生态系统的物质循环，有利于植物的授粉和种子传播	分解动植物的遗体和排泄物，归还环境，供生产者重新利用

1. 生产者（producers）　指利用简单的无机物合成有机物的自养生物（auto-trophs），主要是绿色植物和化能合成细菌等。绿色植物具有通过光合作用固定太阳能的能力，并从环境中摄取无机物质进而合成有机物质，如糖类、脂肪、蛋白质等，同时将吸收的太阳能转化为生物化学能，储藏在有机物中。绿色植物包括光合细菌、藻类、地衣以及各种高等植物。化能细菌则能够从化学物质的氧化中获得能量。这类微生物能氧化特定的无机物，并利用所产生的化学能还原二氧化碳或碳酸盐，生成有机化合物，例如土壤中的亚硝酸细菌、硝酸细菌、硫细菌、氢细菌、铁细菌等。对于农业生态系统来讲，生产者主要是各种作物和林木，它们通过光合作用，能够将环境中的能量和物质首次转化成为生态系统的有机物质，同时将太阳能储存为化学能，供其自身和其他消费者利用，它们合成的产物成为农业生态系统中其他生命活动的能量来源，因此这个同化过程被称为初级生产，能够利用环境中的无机物和能量制造有机物的自养生物被称为初级生产者。这些初级生产者是农业生态系统的必要成分，在生态系统的构成中起到了重要的主导作用，直接影响生态系统的生存与发展。

2. 消费者（consumers）　消费者是指直接或间接以初级生产者或其他动物为食物来源的各种大型异养生物，主要包括各种动物。对于农业生态系统来讲，主要是以畜牧和渔业养殖为主的生物。消费者是生态系统物质和能量转化的重要环节。根据不同的食性，消费者分为肉食性动物、草食性动物、杂食性动物、寄生性动物和腐生性动物五种类型。

3. 分解者（decomposers）　主要指以动植物残体为生的异养微生物，包括细菌、真菌、放线菌，还有一些原生动物和腐食性动物，如白蚁、蠕虫、甲虫和蚯蚓等。分解者又被称为还原者。从消费食物的角度看，它们也属于广义的消费者。它们数量多且分布广，把复杂的生产者和消费者的有机残体分解为简单的有机化合物，最终使之转化成为无机物归还到周围环境中，从而被生产者再吸收和利用。在物质循环过程中发挥着巨大的作用。消费者和分解者都依赖初级生产同化的有机物质中的能量和养分，因此被统称为次级生产者。消费者和分解者形成其生物量的生产称为次级生产。生态系统中由生产者—消费者—分解者（还原者）组成的食物链是能量流动的渠道。

农业生态系统的生物组分同样可以划分为以绿色植物为主的生产者、以动物为主的消费者和以微生物为主的分解者。但是，在农业生态系统中占据主导地位的生物是人工驯化过的农业生物，包含各种蔬菜、果树、林木、养殖水产类、家畜和家禽等，也包括农田杂草、细菌、昆虫等生物。更重要的是在农业生态系统的生物组分中，人类为最为重要的主体消费者和调节者。由于人类有目的地选择和控制，农业生态系统中的生物种类一般较少，生物多样性往往低于同地区的自然生态系统。

农业生态系统中的生产者、消费者、分解者和环境构成了系统的四大组成要素，它们之间通过物质循环和能量转化相联系，构成了一个具有复杂关系和一定功能的系统。农业生态系统中各组分间的关系见图 3-2。

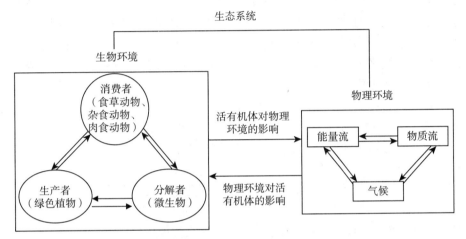

图 3-2　典型陆地生态系统中生物组分和非生物组分之间的相互关系

(仿 G. W. Cox, 1979)

（三）人工环境组分

农业生态系统的人工环境组分是自然生态系统中没有的各种生产、加工、储藏设备和生产设施，例如温室、大棚、禽舍、畜棚、加工厂、仓库等。人工环境组分通常会影响生物的生存环境，在研究时常部分或全部被划在农业生态系统的边界之外，归于社会系统范畴。

（四）生态系统组分之间的关系

从上述可知，农业生态系统中，各成分相互影响，互为依存，通过复杂的营养关系结合为一个整体。农业生态系统通常被认为是以种植业为中心的受人类控制的农区，由于人类的强烈参与，该系统在结构、功能、生产力等方面都发生了显著的变化，具有以下特点：

1. 人类参与　农业生态系统是在人类的生产活动下形成的。人类参与农业生态系统的根本目的在于将众多的农业资源高效地转化为人类需要的各种农副产品。例如通过育种、栽培及饲养等调节和控制农业生物的数量并提高质量，或是通过农业基本设施建设和农田耕作、灌溉、施肥、防治病虫草害等技术措施，调节或控制各种环境因子为农业增产服务。但是，农业生态系统并不完全受人类控制，在某种条件下，自然生态对它也具有一定的调节作用。农业生态系统以产出大于投入为目的，而自然生态系统则需要实现最大生物量的收支平衡。

2. 高净生产力　农业生态系统的总生产力低于相应地带的自然生态系统，但其净生产力却高于自然生态系统。农业生态系统中的生物组分多数是按照人的意愿配置的，加上科学管理的作用，使其中优势种的可食部分或可用部分得到较好的发展，对人类有益的物质和能量产出大幅增长，从而获得了较高净生产力。

3. 组成要素简化、自我稳定性能较差 农业生态系统中的生物大多经过人工选择，与天然生态系统相去甚远。农业生态系统没有丰富的生物多样性，食物链结构简单。农业生态系统简化程度越高，对栽培条件和饲养技术的依赖程度越高，抗逆能力也越差。同时，由于人为减少了其他物种，农业生物的层次变少，系统自我稳定性下降。因此，农业生态系统要维持其结构与功能的相对稳定，必须人为不断地进行调节与控制。

4. 高开放性 自然生态系统通常都是自给自足的系统，生产者所生产的有机物质，几乎全部保留于系统之内，众多营养元素基本上可以在系统内部进行循环和平衡。而农业生态系统则不然，其生产除了满足系统内部的需求外，还要满足系统外部和市场的需求，这样就有大量的农、林、牧、渔等产品离开系统，导致参与系统内再循环的物质数量较少。因此，为了维持系统的再生产过程，除太阳能以外，还需要向系统输入大量化肥、电力、机械、灌溉水等物质和能量。农业生态系统的这种"大进大出"现象，表明它的开放性远超自然生态系统。

5. 受自然与社会"双重"规律制约 自然生态系统服从于自然规律，农业生态系统不仅受自然规律的制约，还受社会经济规律的支配。农业生态系统的生产既是自然再生产过程，也是社会再生产的过程。例如，在确定农业生态系统中优势生物种群的组成时，需要根据生物自身的生态适应性，以及市场需求规律，评估该生物种的市场前景和发展规模。

6. 明显的区域性 与自然生态系统一样，农业生态系统也有明显的地域性；不同的是，农业生态系统除了受气候、土壤、地形、地貌等自然生态因子的影响外，还受社会、经济、技术等因素的影响，从而形成了明显的区域性特征。在进行农业生态系统区划与分类过程中，要更多考虑区域间社会经济技术条件和农业生产水平的差异。如低投入农业生态系统与高投入农业生态系统，集约农业生态系统与粗放农业生态系统等，都是根据人类的投入水平和经济技术水平进行划分的。

农业生态系统虽然来源于自然生态系统，但却与自然生态系统存在很大的差异（表3-2）。

表3-2 农业生态系统与自然生态系统的比较

特 征	农业生态系统	自然生态系统
环境条件	自然环境和人工环境	自然环境
净生产力	高	中等
营养变化	简单	复杂
物种多样性	少	多
养分循环	较高的养分输出率与输入率，流量大，周转快，但库存量较低，流失率较高，养分保持能力较弱，供求同步机制较弱	较低的养分输出率与输入率，流量小，周转慢，但库存量较高，流失率较低，养分保持能力较强，供求同步机制较强

（续）

特　征	农业生态系统	自然生态系统
熵	高	低
能流特征	初级生产所固定的能量为动物采食的比例可达40%～50%	初级生产者转化的固定能量只有5%～10%，为草食者采食利用而进入草牧食物链
人为调控	明显需要	不需要
生境异质性	弱	强
稳定性机制	需要人为地合理调节与控制	自我调节
成熟程度	成熟（为早期演替）	成熟
遵循规律	受自然规律和社会经济规律的支配	受自然规律的支配
运行目标	最大限度地满足人类的生存和持续发展的需要	自然资源的最大限度生物利用，并使生物现存量达到最大

二、农业生态系统组分结构的类型

在农业生产活动中，农业生态系统的结构根据复杂与否有单一结构和复合结构之分。前者指种植业、养殖业、渔业等单一结构；后者通常是两种或两种以上行业组成的复杂结构，通过各行业间相互结合，合理布局，从而达到对资源充分利用。例如，在生态农业园中，集生态、社会、经济效益于一体的种植、养殖和沼气的生产布局，即将种植业和畜牧业相搭配，结合粪便生物氧化塘多级利用的能源生态工程，以沼气发酵为主，将家畜排泄物和农作物秸秆等废弃物能源化，向农户提供生产和生活能源；还可将农作物秸秆和家畜排泄物等废弃物肥料化，提供高效有机肥料回归农田，可逐步提高土壤的有机质含量，促进农业的可持续发展。此模式中，农作物的秸秆、果实和家畜排泄物等都可循环利用，输出各种清洁能源或有机肥料，综合效益明显。实质上农业生态系统组分结构是农、林、渔、牧、副（加工）各业之间的量比关系，还包括各业内部的物种组成和量比关系。对农业生态系统组分结构的定量描述常有以下几种，如用各业用地面积占总土地面积的比例，或各业产值占总产值的比例，各业产出的生物能占系统生物能总产出量的比例，以及各业蛋白质生产量占系统蛋白质生产总量的比例等来表示。

生产上单一结构是最常见的，如单一种植冬小麦、玉米、花生、水稻等。为了发挥更大的效益，农业生态系统的结构多采用两种或多种结合，形成多种多样的农业生态系统结构。主要类型如下：

（一）种植业与养殖业相结合的组分结构

种植业与养殖业相结合，二者可以通过一定的生产技术，在不同土地单元里实现，也可以在同一土地单元里将种植和养殖业结合起来。发展草牧业，增加青贮玉米和苜蓿等饲草料种植，实施种养结合模式，能够促进粮食作物、经济作物、饲草料三元种植结构协调发展。在种植业与畜牧业的结合方面有饲草生产技术，以作物产品为原料的配合饲料生产技术。例如饲料作物种植与养牛、养猪、养鸡、养鱼的结合，作物秸秆饲喂动物，动物粪便肥田；再如，果园内放养各种经济动物，以野生取食为主，辅以必要的人工饲养，从

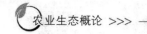

而生产更为优质、安全的多种农产品。主要有果基鱼塘、果园养禽、果园养畜、果园养蚯蚓等以及它们的复合模式等。

（二）种植业与林业相结合的组分结构

当前，常有把栽培作物和（或）动物与多年生木本植物在空间上进行合理搭配，形成综合利用土地及技术系统的模式，例如农林间作、林药间作等。从小规模农林结合的土地利用，逐渐发展成规模较大的区域性生物资源、土壤、水体、气候、地形的综合开发，最终形成具备多级生产且稳定高效的复合循环生态体系。农林间作在我国有许多成功的模式，如河南、安徽的桐粮间作，山东、河北的枣粮间作，江苏的稻麦与池杉间作，热带地区的胶茶间作、桉树菠萝间作等。

（三）种植业与渔业相结合的组分结构

将农作物种植业和渔业有机地结合起来，充分高效地利用各种资源，从而提高综合效益，如桑基鱼塘、蔗基鱼塘、果基鱼塘、稻田养鱼（虾、蟹）技术等。各种生物之间互为条件、相互促进，形成良性循环的生态系统。

（四）养殖业与渔业相结合的组分结构

在养殖业与渔业的连接方面，有鱼塘养鸭技术、塘边养猪技术等。利用鲜禽粪作为养鱼的肥料和饲料，直接投喂养鱼；或者将干禽粪作为鱼配合饲料的重要组成部分。

（五）大农业的组分结构

大农业是指种植业、林业、渔业、牧业及其延伸出来的农产品加工业、农产品贸易与服务业等密切联系协同作用的耦合体。各产业间的相互作用以及结构的整体性是建立合理的农业循环经济产业链的基础。大农业型发展模式实质上就是在同一土地管理单元上进行立体种植，横向延伸，建设农、林、牧、副、渔一体化。

这种农、林、牧、副、渔各业兼有的综合型模式相对复杂，需要因地制宜地进行组合。如在山区半山区，可以实施林、牧、能一体化建设，或建设以沼气利用为主的林果种植和养殖业并举的"围山转"生态农业工程，如湖北郧阳区柳陂镇王家学村"山顶松杉戴帽，山腰果树缠绕，山下瓜果飘香"，河北在丘陵山区创造的"山上松槐戴帽，山坡果林缠腰，山下瓜果梨桃"，重庆大足区的"山顶松柏戴帽，山间果竹缠腰，山下水稻鱼跃，田埂种桑放哨"，广东省的"山顶种树种草，山腰种茶种药，山下养鱼放牧"，以及河北省的"松槐帽，干果腰，水果脚"等生态农业格局；在平原地区，则可以实施农、能、牧、商或农、能、渔、商等一体化建设，如桑基鱼塘，还有以沼气利用为纽带的蔬菜或花卉种植业、养殖业及加工业并重的生态农业工程等。

第二节 农业生态系统的营养结构

一、农业生态系统营养结构的概念

生态系统是在一定空间范围内，各生物成分和非生物成分通过能量流动和物质循环而相互作用、相互依存所形成的一个功能单位。生态系统四大组分之间以食物关系为纽带，把生物和它们的无机环境联系起来，构成了生态系统的营养结构，使得物质循环和能量流动得以进行。

生态系统各要素之间最本质的联系是通过营养来实现的，这种营养关系是生态系统功能研究的基石。生态系统的营养结构（trophic structure），即以营养关系作为纽带把生态系统中生物与生物、生物与环境之间紧密联系起来的结构，简而言之，就是指生态系统中三大功能类群——生产者、消费者、分解者之间以食物营养关系连接而成的食物链（food chain）、食物网（food web）结构。它们和环境之间发生密切的物质循环，是生态系统中物质循环、能量流动和信息传递的主要路径。

农业生态系统的营养结构是由人与农业生物、农业生物与农业生物之间，以及与其所处环境之间通过能量转化和物质循环而形成的结构。其实质主要是在农业生态系统中，由人类按食物供需关系从植物开始，联结多种动物和微生物建立起来的多种链状结构和网状结构，即食物链结构和食物网结构。

生态系统中的物质是处在不断的循环之中，每一个生态系统的营养结构都具有其特殊性和复杂性。与自然生态系统相比，农业生态系统的营养结构易受人类的影响。农业生态系统不但具有与自然生态系统类似的输入、输出途径，如通过降水、固氮的输入，通过地表径流和下渗的输出，而且有人类有意识增加的输入，如灌溉水，化学肥料，畜禽和鱼虾的配合饲料；也有人类强化了的输出，如各类农、林、牧、渔的产品输出。有时，为了提高农业生态系统的生产力和经济效益，常对食物链进行"加环"处理来改造营养结构，又或为了防止有害物质沿食物链富集危害人类的健康与生存，通过"解列"食物链来中断食物链与人类之间的关联，以减少对人类健康的危害。

二、农业生态系统营养结构的类型

（一）食物链

1. 食物链的概念 农业生态系统的营养结构是指农业生态系统中由生产者、消费者和分解者三大生物功能群所组成的食物链与食物网结构。生态系统中生产者固定的能量和物质，通过一系列的取食与被取食关系在系统中传递，这种生物成员之间通过取食与被取食关系所联结起来的链状结构称为食物链。这个词是英国动物学家埃尔顿于 1927 年首次提出的。食物链是生态系统营养结构的基本单元，同时也是物质循环、能量流动、信息传递的主要渠道。

通常，食物链是从生态系统中能生产能量的绿色植物（生产者）开始，食物链中有多种生物，一般后者可以取食前者。各种作物和杂草是生产者，在食物链上处于第一营养级；植食性昆虫以作物、杂草为食，处于第二营养级；肉食性昆虫和两栖类以植食性昆虫为食，处于第三营养级；捕食两栖类的动物处于第四营养级。如鼠类以作物为食，处于第二营养级，而鼬以鼠类为食，处于第三营养级。这样，各种生物以营养为纽带，形成若干条链状营养结构，并进而形成食物网的网状营养结构。在农田生态系统中，营养结构反映各种生物在营养上的相互关系，同时也反映每一种生物所占的营养位置。食物链上不同生物之间通常用向右的箭头表示物质和能量的流动方向。一条完整食物链的最后往往是最高营养级，没有别的生物可取食它。谚语"螳螂捕蝉，黄雀在后"就是一条食物链：树→蝉→螳螂→黄雀。

2. 食物链的类型 食物链是生物群落中动植物由于食物关系而形成的一种联系，是能量流动和物质循环的主要渠道。按照生物与生物之间的关系可将食物链分为捕食食物链、腐食食物链和寄生食物链。

（1）捕食食物链（grazing food chain）：捕食食物链是由生态系统中的生产者和消费者之间以及消费者和消费者之间通过捕食与被捕食的关系形成的。捕食食物链都以生产者为食物链的起点，如植物→植食性动物→肉食性动物，这种食物链既存在于水域，也存在于陆地环境。如草原上的青草→兔子→狐狸→狼；在湖泊中，藻类→甲壳类→银飘鱼→鳜鱼。捕食链是生态系统中最重要的食物链形式。

（2）腐食食物链（detritus food chain）：又称碎屑食物链，农业生态系统内有些生物成员主要以死的有机体或生物排泄物为食物，并将有机物分解为无机物。腐食食物链一种是以碎食（植物的枯枝落叶等）为食物链起点，碎食被其他生物所利用，分解成碎屑，然后再为多种动物所食。其构成方式如碎食物→碎食生物→小型肉食性动物→大型肉食性动物。在森林中，90％的净生产是以食物的碎屑作为消耗品，如以落叶和枯木等作为食物。另外一种是在动植物死亡残体上，从繁殖细菌、真菌及某些土壤生物开始，动植物残体为土壤中蚯蚓分解，蚯蚓死后可被营腐生生活的真菌或细菌分解。其构成方式如植物残体→蚯蚓→线虫类→节肢动物。实质上腐生链是营腐生生物通过分解作用在不同生物尸体的分解过程中形成的相互联系。

（3）寄生食物链（parasite food chain）：指生态系统中一些寄生生活的生物之间存在的营养关系，以寄生方式取食活的有机体而构成的食物链。由宿主和寄生物构成。它以大型动物为食物链的起点，然后是小型动物、微型动物、细菌和病毒。后者与前者是寄生性关系，如哺乳动物或鸟类→跳蚤→细菌→病毒。哺乳动物可能成为营寄生昆虫的寄主，而所寄生的昆虫又可能是原生动物的寄主。

3. 食物链的长度　生物处于食物链的某一环节称为营养级。生态系统中的能量在沿着捕食食物链的传递过程中，从上一营养级转移到下一营养级时，能量大约要损失90％，即能量转化率大约只有10％。通常，能量从太阳能开始沿着捕食食物链传递几次以后就所剩无几了，导致营养级数受到限制，因此食物链一般都比较短，通常为3～5个环节，很少有超过6个的。因此地球上的植物不论是从个体数量、生物量或能量的角度来看都要比动物多得多，呈现出下大上小的类似金字塔的结构称为生态金字塔（ecological pyramids）。这种数量关系可采用个体数量单位、生物量单位、能量单位和生产力单位来度量，采用这些单位所构成的生态金字塔就分别称为数量金字塔、生物量金字塔、能量金字塔和生产力金字塔。

（二）食物网

在生态系统中，生物之间实际的取食和被取食关系并不像食物链所表示的那么简单。各种生物成分通过食物传递关系形成了一种错综复杂的普遍联系，这种联系像一个无形的网，把所有生物都囊括在内，使它们彼此之间都有着某种直接或间接的关系，从而形成了食物网。例如民间根据观察曾经有"夏季蛇吃老鼠，冬季老鼠吃蛇"的说法，因为冬眠的蛇无法反抗掘地的老鼠。这些复杂的关系往往不是一根链条能说明的，把各种关系联系起来就会组成一个"食物网"，即食物链彼此交错连接，形成网状营养结构。食物网是生态系统中物质循环、能量流动和信息传递的主要途径，不同的生态系统其食物网存在很大的差异（图3-3）。

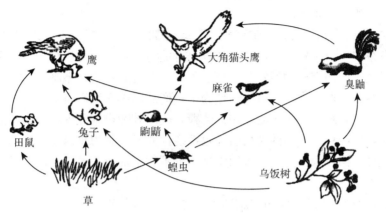

图3-3　陆地生态系统的部分食物网

一般来说，食物网可以分为两大类：草食性食物网（grazing web）和腐食性食物网（detrital web）。前者始于绿色植物、藻类或有光合作用的浮游生物，并向植食性动物、肉食性动物传递；后者始于有机物碎屑（来自动植物），向细菌、真菌等分解者传递，也可以向以腐肉为生的肉食动物传递。

一般认为，一个复杂的食物网是生态系统保持稳定的重要前提。食物网越复杂，生态系统抵抗外力干扰的能力就越强。相反地，食物网越简单，生态系统就越容易发生波动甚至毁灭。假如一个岛屿上的生物只有草、鹿和狼这三种。在这种情况下，一旦鹿消失，狼就会因无猎物而饿死。但如果除了鹿以外，岛屿上还有其他的食草动物（如羚羊），这样鹿一旦消失，对狼的影响就要小得多。反之，如果狼首先灭绝，那么鹿会因失去控制而数量激增，这样草就会被过度啃食，最终鹿与草的数量都会大大下降，甚至会同归于尽。但如果除了狼以外，还存在另一种肉食动物，那么狼一旦灭绝，这种肉食动物就会加大对鹿的捕食力度从而压制鹿群的发展，这样就有可能避免生态系统的崩溃。在一个具有复杂食物网的生态系统中，通常不会因为一种生物的消失而引发整个生态系统的失调，但任何一种生物的灭绝都会在不同程度上降低生态系统的稳定性。而当一个生态系统的食物网变得极为简单的时候，任何外力（环境的改变）都有可能引发这个生态系统产生剧烈地波动。

三、农业生态系统营养结构的特点

农业生态系统营养结构的特点主要表现在以下几个方面：

（一）农业生态系统的营养结构是由人决定的

与自然生态系统营养结构不同，农业生态系统的生物组成是人类按生产目的而精心安排的。栽培或养殖的生物以经过人工驯化、选择、培育的优质、高产品种为主。食物链上的链环往往较少，食物网结构往往比较简单。各营养级的生物都通过人类的意志调节、控制，输入各种辅助能的条件下进行再生产，输出各种生物产品。因此，农业生态系统的营养结构不像自然生态系统那样符合客观规律。如果人们能遵循客观的生物规律，按自然规

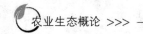

律来配置生物种群，疏通物质流、能量流渠道，提高能量、物质的利用率，那么生态系统的营养结构就更科学合理；否则，将会破坏生态平衡，使环境受到污染，最终经济生态系统的营养结构也遭到严重破坏。

（二）无机物转化为有机物非常充分，而有机物转化为无机物不一定在系统内进行

农业生态系统中，一般种植的各种作物光合能力较强，把无机物转化为有机物的生产效率较高。系统生产的有机物通常有三种去处：一部分有机物在系统内由分解者转化成无机营养物质，归还土壤；大部分有机物作为生物产品输出系统后再被微生物分解；还有部分有机物虽未输出系统，但由于农民用火烧毁，或用其他措施处理而使生物能和有机物白白浪费。因此，后两种有机物的去处会导致系统内的土壤肥力难以保持或提高。这样农田生态系统的营养结构就很不完全，农田土壤养分不能平衡，需要不断地从系统外输入营养物质来达到平衡。

（三）输入的营养物质以无机物质为主，有机物质较少

很多情况下，输入能量、物质以无机物质为主，有机物质较少；有时还不能满足下一茬植物生长的需要。因此，土壤养分仍不能达到平衡状态。久而久之，可更新的土壤资源就受到破坏。由于这种掠夺式的生产，土壤有机质含量减少，土壤肥力下降；当超过自动调节和反馈作用的极限时，将会逐渐变成恶性循环。农业生态系统地下部的营养结构是通过微生物的活力，把动植物有机体及其排泄物分解为无机物，归还给环境供植物利用。土壤微生物的活动与土壤中碳、氮比关系很密切，碳素是微生物生命活动的能量来源，氮素是微生物躯体的主要结构物质。

合理的农业生态系统营养结构要求：地上部分有尽可能高的光合产量和转化效率，以尽可能少的转化环节把能量与物质转化为人类直接利用的产品。而且在能量转化过程中，要尽可能提高人类对能量、物质的利用率；地下部分尽可能把一切废弃物分解成能被植物吸收利用的无机养料。

第三节　农业生态系统的时间结构

一、农业生态系统时间结构的概念

农业生态系统中环境因子，例如光照度、光照时间长短、温度、水分、湿度等，随着季节变化而变化，农业生物生长发育所需的自然资源和社会资源也都是随着时间（季节）的推移而变化，使得植物和动物的生长发育、繁殖、种类数量有明显的季节变化。在社会资源中，劳动力的供应有农忙与农闲之分，电力、灌溉、肥料等的供应亦有松紧之分。因此，农业生产表现有明显的时间节奏，即农业生产有明显的季节性。

农业生态系统的时间结构是指在农业生态系统内部，根据各种资源的时间节律和农业生物的生长发育规律，从时间上合理安排各种农业生物种群，使自然资源和社会资源得到最有效地利用，使生物的生长发育及生物量积累时间错落有序，形成农业生态系统随着时间推移而表现出来的时序结构。时间结构的变化反映了生物为适应环境因素的周期性变化而引起整个生态系统组成外貌和季相上的变化，同时也反映了生态系统环境质量好坏的波动。

一般来说，环境因素在一个地区是相对稳定的。因此，时间结构在农业生产上的体现主要是农业生物的安排，即根据各种生物的生长发育时期及对环境条件的要求，选择搭配适当的物种，实现高产、高效的周年生产。搭配的方法有长短生育期搭配，早、中、晚品种搭配，喜光作物与耐阴作物时序搭配，籽粒作物和叶类、块根类作物搭配，绿色生物与非绿色生物搭配，通过增加大棚温室等设置延长生长季节，通过化学催熟、假植移栽等减少占用农田时间。例如在福建开展的稻萍鱼模式中，几种混养的鱼进行分期投放，分批捕捞，实现周年养鱼，也是一种巧妙的时间结构。

二、农业生态系统时间结构的类型

在农业生产上，根据资源的时间节律和农业生物的生长发育规律，从时间上合理搭配各种类型的农业生物，可使自然资源和社会资源得到最有效地利用。

农业生态系统时间结构的类型包括三个方面：

（一）种群嵌合型

根据资源节律将两种或两种以上的农业生物种群进行科学的嵌合，以充分利用环境资源。例如，棉花与大、小麦套作既可充分利用作物生长前期和生长后期的光热资源，又可解决有效积温不足与多熟种植的矛盾。

（二）种群密结型

根据资源节律将两种或两种以上的农业生物种群安排在同一生长环境中，或将某种农业生物以高密度的方式安排在同一环境中进行生产或繁育。例如，作物生产中的间作、混作和集中育苗，畜禽的集中育雏，水产养殖中的混养等。该方式的原理是充分利用幼龄期群体过小而存在的剩余资源，或者充分利用多种农业生物种群间相互促进的种间关系，实现农业生态系统的高效率生产。

（三）人工设施型

通过人工设施改变对生物生长发育不利的环境因素，延长生长季节，实行多熟种植，变更产品的产出期，避开上市高峰，既解决产品淡季供应不足，又增加经济收入。例如，利用日光温室、塑料大棚和小拱棚等设施，栽培蔬菜、培育苗木，进行反季节栽培，延长或缩短光照时间，使花卉提前或延迟开花，都属于人工设施型的时间结构。

三、调整农业生态系统时间结构的方式

在农业生产中，常常根据作物生长期的长短，在一年内将作物的种植安排加以合理布局，其目的是更好地利用土地、光照等资源。调节农业生态系统时间结构的方式有单作、多作、套作、育苗移栽等。

（一）单作

1. 单作一熟型 指一年内在同一块土地上只种、收一季作物的种植方式，是由单一作物种类组成单一群体结构，实行一年一熟制的种植模式，是农业生产中应用历史最久、最基本的种植模式。如冬小麦一年一熟、春玉米一年一熟、春棉花一年一熟等都属于此类。

这种种植方式一般在生长季节较长的地区比较适用，不足之处是生长季节气候和土地

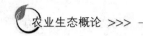

资源有富余，未能充分利用，农田产出量低，只适于生长季节较短或地广人稀、机械化程度较高的地区。如我国西北、东北大部分生长季节较短或降雨较少的旱作农业区，均以此类种植模式为主。

2. 单作多熟型 指由单一作物种类组成单一群体结构，但一年之内种、收两次以上作物的种植模式。两茬作物之间需要经过一定的空闲时间，采用直播或移栽方式种植后茬作物，是从时间上集约利用资源的高效种植方式。可以分为以下几种类型：

（1）一年内按顺序种植两茬作物。如小麦—玉米、小麦—大豆、小麦—水稻、水稻—水稻等。

（2）一年内按顺序接茬种植三季作物。如小麦—水稻—水稻。

（3）一年内按顺序种植四茬作物。如水稻—水稻—水稻—水稻。

（4）再生种植。作物收获后，通过作物根茬自生生长进行再生产的种植模式。在多年生牧草和水稻栽培中运用较多，蔬菜中的韭菜也是此种模式。

（5）隔年复种。在热量资源两季不足但一季有余，或者热量资源充足，但降水不足以连年复种的旱作地区，在两年内种植三季作物，如春玉米→冬小麦—夏甘薯、春玉米→冬小麦—大豆、冬小麦→冬小麦—谷子等种植模式。

单作多熟型适于生长季节较长、水肥及劳力、畜力充足和机械化程度较高的地区。

（二）多作

1. 多作一熟型 指两种或两种以上作物组成的复合群体结构，由于生育期相近，种、收同时或基本同时，一年只种、收一次。该方式在空间上实行种植集约化，具有充分利用空间的作用。多作一熟的主要类型：

（1）混作。指在同一块土地上，同时无规则地混合种植两种或两种以上生育期相近作物的种植方式。如胡麻×芸芥、小麦×豌豆。

（2）间作。指在同一田地上于同一生长期内，分行或分带相间种植两种或两种以上作物的种植方式。

间作的作物播种期、收获期相同或不相同，但作物共生期长，其中有一种作物的共生期超过其全生育期的一半。间作因田间作物结构复杂，主要依靠手工管理，机械化作业较为困难，故主要适应于人多地少、生长季节较短的地区。

2. 多作多熟型 指在同一块地上，一年内分期种植两种或两种以上不同作物并构成复合群体结构的种植方式，既在空间上实行种植集约化，又在时间上实行种植集约化。两茬或两茬以上作物套作是多作多熟型的典型代表。

如小麦/棉花、小麦/玉米/甘薯。多作多熟型由于田间作物种类多，群体结构复杂，共生期间的田间管理难以实行机械化作业，适宜于劳动力资源丰富、水肥条件好的地区运用。

（三）套作

套作是集约利用时间和空间的高产、高效模式。不同地区由于自然资源和社会经济状况不同，套作类型和方式很多，其中麦田套作最为普遍。

1. 麦田套作两熟 这种类型主要分布在热量一年一熟有余，但接茬复种热量不足的地区，适用于华北、西南等地，主要类型有小麦/玉米、小麦/春棉、小麦/花生、小麦/烟草、小麦/喜凉作物、小麦/瓜菜。

2. 麦田套作三熟 分布于热量一年三熟不足、两熟有余地区，主要类型有小麦/玉米/甘薯、小麦/玉米/玉米、小麦/烟草/甘薯、裸大麦/春玉米（糯高粱）/棉花等，该类模式的栽培关键是麦类作物收获后，在玉米行间套种其他作物，由于生长期的延长和作物覆盖度的增大，一年三熟套作比一年两熟可产生显著的增产作用。

3. 其他作物套作 主要有绿肥作物和粮食作物套作、不同经济作物套作、粮食作物与饲料作物套作等，该模式是实现农牧结合和耕地用养结合的有力措施。不同地区都有与其生态条件和社会经济条件相适宜的模式存在，套作作物大多为草木樨、绿豆、田菁、苘麻、箭舌豌豆、毛苕子等。

复合群体的组合中，不同作物间可能同时存在间作、套作或复种关系，形成了典型的间套复种模式。间套复种模式是现代集约多熟种植的主要类型之一，对资源要求和利用率都高于套作和间作，生产潜力巨大。

(四) 育苗移栽

育苗移栽技术是指对植物生长节律进行时间上的控制，这对于植物抗御干旱、寒冷、盐碱、病虫害，保证苗全、齐、匀、壮，缩短田间生长期，特别是多茬种植中具有重要意义，通过移栽可以提高单位面积产量。

例如，玉米、水稻和油菜的适时移栽，一方面能解决两季茬口矛盾造成的节令偏紧问题，提高苗的质量，另一方面能保证亩株数，达到全苗壮苗。

第四节 农业生态系统的空间结构

一、农业生态系统水平结构及其类型

农业生态系统的空间结构包括水平结构和垂直结构。

(一) 农业生态系统水平结构

农业生态系统的水平结构是指在一定的生态区域内，各作物种群在水平空间上所占的面积比例、镶嵌形式、聚集方式等水平分布特征。

在农业生态系统的水平结构中，生态系统中生物的种类、密度等在二维平面的不均匀分配，使群落表现为斑块相间的分布格局，每一斑块可称为一个小群落，各小群落彼此组合，构成了生态系统的镶嵌性。在农业生态系统内，环境因子的不均匀性是形成镶嵌的主要外因，如小地形或微地形的变化、土壤湿度和盐渍程度的差异以及人与动物的影响。在农业生产上，人类的耕作是影响水平结构的主要因素。生态系统的镶嵌现象产生的内因是物种间的竞争，取胜的物种是该小环境中生活力最强的。所以，镶嵌性提高了农业生态系统对水平空间的利用效率。

农业生态系统最佳的水平空间结构，即通常所说的区划或布局，应当与当地的自然资源组合的特点相适应，并能满足经济的和社会的需求。

(二) 农业生态系统水平结构的特点

1. 组成的单元结构多样化 农业生态系统是由农田、人工草地、人工林、农场、牧场、池塘、村庄、水库、湖泊、河流、灌溉渠、道路等斑块结合形成的农、林、牧、渔的

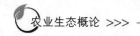

景观，其组成结构上具有多样化和复杂化的特性。

这种结构的多样化是在水平方向上根据地形、地势的变化，因地制宜地合理利用土地资源和自然资源，以达到农业、牧业、林业的生产力最大化。农业生态系统的水平结构单元多样化，使得多种生态系统共存，保证了物种多样性和遗传多样性。这种具备多样性和复杂性的结构，可以充分发挥生态系统的功能，维持生态系统的稳定。例如，病虫害最容易在大面积的同质农田（同一作物）内蔓延，而不同作物的镶嵌搭配，可以减缓这种趋势。再如，大面积的针叶纯林会加快森林火灾的蔓延从而造成巨大的灾害，而林中间夹有河流、湿地或落叶阔叶林等，则可对林火的蔓延起一定的阻隔作用。

2. 农业生态系统的水平结构具有群落交错区与边缘效应　在群落交错区，由于环境条件相对复杂，适宜不同生态类型的植物定居，往往会包含两个重叠群落中所具有的一些种以及交错区本身所特有的种，从而为更多的动物提供食物、营巢及隐蔽条件。这种过渡带在规模上有宽有窄，有逐渐过渡型，也有骤然变化型。同样，群落的边缘有的是持久性的，有的也在不断发生变化。

目前，人类活动正在大范围地改变着自然环境，形成许多交错带。如农村的城镇化建设，土地的开发，工矿的建设，高速公路等的建造，均使原有的景观界面发生变化。这些新的交错带可视作半渗透界面，它控制着不同系统之间的物质、能量传递与信息流通。在这些交错地带，环境条件明显区别于两个斑块的内部核心区域，生物种类和系统结构都有明显的变化。由于生态环境的过渡性，两个斑块间能量、物质和信息交换频繁，生物种类繁多，生产力较高，形成明显的边缘效应。积极合理地开发利用这些边缘地带，可使其维持高生产力状态，促进经济发展。

在农业生产上，单一种群的物种多样性低，资源利用率也低，抗逆能力较弱，其稳产、高产的维持主要依赖于外部人工能量地持续输入，由此造成生产成本高，产品竞争力弱。农业生态系统中的立体种植就是利用边缘效应原理而构建成的一个具有多层配置和多种共生的垂直多边缘区，以此实现各边缘区在资源的划分和生态位上的"谐振"，从而提高产量及生产效率。

如在我国南方典型立体种植结构茶树—橡胶中，橡胶与茶树在地上和地下空间都形成边缘区，避免了其对光照及水肥的竞争，实现资源的合理配置与充分利用。而轮作则利用群落的时间边缘效应，如前茬种植的豆科作物由于能够改善土壤中的氮素状况，就为后茬作物提供了一个较理想的生长环境。在我国东北农牧交错带，既有一定面积的林地、草地，又有一定面积的农田与之交错分布，因此，既有丰富的农作物秸秆资源，又有来自天然草地的牧草。在冷季，当天然草地的各种牧草均已停止生长，草地无法供应牲畜所需的饲草数量与营养时，就可以充分利用农作物秸秆。以秸秆为粗饲料，再配以玉米、大豆籽实等精饲料，从而克服草地畜牧业的季节性波动问题。通过合理利用草地资源和丰富的农作物副产品，尤其把作物秸秆等资源优势转变为畜牧业发展优势，从而构建农牧交错地区草地—秸秆畜牧业的合理发展模式。

人们在长期农业养殖实践中发现，与农业种植作物相类似，在各动物种群之间也具有边缘效应。于是，基于这种效应的多元化养殖就成为提高养殖效益的有效途径。多元化养殖的基本原理是将生态位不同但生态习性互利或相容的几种动物类群按照适当的比例混养在一定空间内，形成多重边缘，实现空间和饲料资源的充分利用，加强养殖区内的物质循环，维持养殖系统的高效与稳定。如在湖泊中进行蟹、鱼混养，充分利用河蟹与草鱼的食性及生态位的互补优势，蟹取食后的谷物残饵和食草后漂浮于水面的断草，都可被草食性鱼类所利用。如此，既减少了水中残留的残饵及由此引起的腐败影响，又充分利用了饵料。

3. 农业生态系统的水平结构受自然环境条件的影响　我国的种植业与环境条件关系密切，从北到南，不同气候类型条件下适宜种植的农作物和耕作制度存在较大的差异。农业生态系统的水平结构主要受热量和水分条件的影响。我国耕地复种指数也与不同地区环境的温度、湿度有明显的关系，从东到西，降水逐渐减少，使得复种指数也呈下降趋势。

4. 社会经济条件对农业生态系统水平结构的影响

（1）人口密度梯度。人口密度对农业生态系统结构具有综合性影响。人口密度增加会导致人均资源量减少，劳动力资源增加，对基本农产品的需求上升。这样必然驱动农业向劳动密集型转化。人口超负荷时，需求弹性高的生产项目必然让位于能满足基本社会需求的生产项目，如粮食生产。随着农业人口密度的上升，农业人均耕地不断减少，农业复种指数则逐渐增加。

（2）杜能的农业经济区位理论。在商品经济发展初期，农产品必须到达市场才能获取效益，然而不够发达的运输、加工、储藏、保鲜技术成为农产品生产的制约条件。在原有的自然区位上，增加一个以杜能农业经济区位理论为代表，受城乡运输制约形成的农业专业生产区域。1926 年，德国学者杜能出版了《孤立国同农业和国民经济的关系》一书。杜能假设：一个与世隔绝的孤立国，在农业自然条件一致的平原上，农产品能够实现销售的唯一市场是中心城市，农产品的唯一运输工具是马车，农产品的运费与重量及运输距离成正比，农作物的经营以获取最大利润为目的。根据这样的假设，杜能为孤立国推断出围绕中心城市的 6 个同心圈层，每个圈层分别有不同的最适农业生产结构。

以城市为中心，由里向外依次为自由农作圈、林业圈、轮作农作圈、谷草农作圈、三圃农作圈、畜牧圈（图 3-4）。

第一圈层为自由农作圈。这一圈层紧靠城市，地租很高，只有采用高度集约化的耕作方式才能获取较大的收益。以蔬菜、牛奶、鲜花为主，还包括其他不易运输、运费昂贵或易腐烂的农产品。本圈大小由城市人口规模决定的消费量多少而决定。

第二圈层为林业圈。当时城市居民燃料主要是薪柴，再加上建筑、家具用木材，用量很大，运输距离必须限制到很短。但木材不易腐烂变质，单位面积收益也较低，所以配置在自由农作圈以外的第二圈层。

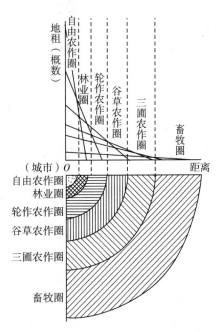

图 3-4　杜能圈形成机制与圈层结构

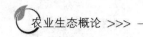

第三圈层为轮作农作圈。农产品价格比前两个圈层低，种植不易腐烂变质的作物，没有休闲地，这一圈层采用六区轮作制，即马铃薯—大麦—苜蓿—黑麦—豌豆—黑麦。

第四圈层为谷草农作圈。该圈层提供的农产品与第三圈层相同，主要是谷物和畜产品。其特点是经营比较粗放，在轮作中增加牧草的比例，而且出现休闲地，农业中畜产品的比例明显加大。

第五圈层为三圃农作圈。该圈层由于距城市较远，运输费用很大，农业经营粗放，土地休闲。三圃式的形式为谷物—牧草—休闲。

第六圈层为畜牧圈。这一圈离城市太远，大量土地用来放牧或种植牧草，以牲畜及乳制品供应市场。

第六圈层以外，是以休闲、狩猎为主的灌木林带。

杜能农业区位理论揭示了即使在同样的自然条件下，也能够出现农业的空间分异，农业布局不仅取决于自然条件，而且取决于离城市的距离。

二、农业生态系统垂直结构及其类型

（一）农业生态系统垂直结构

农业生态系统的垂直结构又称立体结构，是植物群体在土地上的纵向序列和层次。纵向序列分地上序列和地下序列，前者按照株高由低到高、需光由弱到强、喜阳性植物在上而耐阴性植物在下安排，而后者按照根深由浅到深的原则安排。

农业生物之间通过在空间垂直方向上的配置组合，即在一定单位面积上（或水域、区域），根据自然资源的特点和不同农业生物的特征、特性，在垂直方向上建立由多物种共存、多层次配置、多级质能循环利用的立体种植、养殖等的生态系统，从而最大化地利用自然资源，增加土壤肥力，降低环境污染程度，收获更多的物质产量，达到生态、经济和社会效益的协调统一。农业生态系统的立体结构大体可以分为农田立体模式、水体立体模式、坡地立体模式、养殖业立体模式等。农业生态系统这种优化的人工生物群落，形成我国独具特色的立体农业模式。

（二）影响农业生态系统垂直结构的因素

农业生态系统在不同的地理位置条件下，由于受气候、地形、土壤、水分、植被等生态因子的综合影响，其垂直结构也呈现出一系列的变化。

1. 流域位置影响农业生态系统的垂直结构　农业生态系统从一个流域环境的上游到下游，海拔、高度、水土环境等均存在较大的差异，从而对作物的种植结构和产量产生很大影响。如河北中南部的海河流域自西向东，按其自然景观可分为山地丘陵区、山麓平原区和低平原区。在山地丘陵区，海拔高，坡度陡，土壤水分和养分向低地流动，形成了干旱和贫瘠的生态环境，农田生产力较低；在山麓平原区，由于处于山地丘陵区的物质向低平原区运动的过渡地带，对土壤水分和养分的积累作用适中，生态环境良好，农田生产力较高；在低平原区，海拔低，坡度缓，地下水潜流不畅，形成了物质的过度积累条件，土壤水分、养分和盐分大量积累，土壤易发生盐渍化，限制了作物对养分和水分的吸收，从而影响作物生产力的提高。

2. 地形变化影响农业生态系统的垂直结构　在水平农业气候带的基础上，受海拔高度和局部地形等因素的影响而在农业生态系统内部所形成的垂直地形气候,对农业生态系统的垂直组分具有重要影响。

(1) 大尺度的地形变化。如四川、云南高原独特的地貌、气候条件,随着海拔的变化,农业生态系统的结构也发生不同的变化,从而出现不同的农业发展类型。

在低热层(海拔<1 300m)的河谷地带,甘蔗含糖率和单产均比长江流域其他甘蔗产区高得多,具有明显优势。这里冬春季生产的各种暖季蔬菜,可供应北方城市,成为中国重要的天然温室和南菜北调基地;香蕉、杧果等热带性水果和南药等在此也有发展前途。低热层的丘陵、低山地带,适宜发展柑橘、油桐、白蜡树等亚热带经济林木。中暖层(海拔在1 300~2 400m)发展粮、油、生猪、蚕桑、烤烟,其下部地带可发展水产养殖,上层地带气候温暖干燥,宜于苹果、核桃、生漆、云南松等生长。高寒层(海拔>2 400m)的下部地带,适宜发展以细毛羊为主的草畜生产。在海拔3 000m以上的更高寒地带,适宜生长以冷杉、铁杉为主的暗针叶林。又如四川省米易县属高海拔、低纬度、高原型内陆山地"岛状"亚热带气候类型,从河谷到山顶,海拔从980~3 477m不等,农业生产结构出现不同变化。在河谷低山区(海拔980~1 500m),是以粮、蔗、菜、猪和常绿果树为主体的多种组合种养模式;而在中山区(海拔1 500~2 000m),采取了工程措施(改造中低产田、蓄水、引水等)和生物措施相结合的方式,大力推行以粮、菜、猪、落叶果树为主体的综合种养模式;在高山区(海拔2 000~3 477m),实行以牧为重点,突出开发林副土特产品,逐步建成林、药等土特产品和草食牲畜商品生产基地。

(2) 小尺度的地形变化。在丘陵或一些低海拔山地,由于地貌复杂多变,从山顶、半山到山脚,生态条件不同,农业生态系统的垂直结构也表现出不同的变化。

如广东省的农业生产布局,在丘陵坡顶种植以松树为主的用材林,坡腰种植以橄榄、阳桃、三华李等果树为主的经济树木,坡脚种植香蕉、大蕉等,村落建在坡脚。旱地种植蔬菜、甘薯,水田种植双季稻,低洼地作鱼塘,河堤草坡用于放牧和种植果树。

(3) 逆温层与垂直结构。对流层大气气温变化规律是随着海拔高度的升高气温降低。但在一定条件下会出现反常现象,当海拔升高1 000m,气温降低的量比6℃少,甚至出现气温随高度升高而升高的现象,这种现象称为逆温现象。丘陵山区和河谷区,白天太阳辐射热量向低洼谷地底部聚集,加之洼地空气流动不畅,所以山区的低谷气温上升很快;而山坡地空气比较流通,气温上升慢。但到了夜间,坡地的冷气流向低洼谷地沉积,而谷地的暖气流沿坡面向上扩散,在坡地中偏上部形成一条气温较高的地带,这个地带昼夜温差明显小于谷底和山顶,这种现象从日落后就开始出现,到凌晨时表现最突出,坡面上昼夜温差小的这个特殊区域就是逆温层。

确定逆温层位置的方法有物候观测法、冻害调查法、地形地貌分析法和气象观测法。积极开发利用逆温层这种气候资源,可扩大果树或经济林栽培区域,减少冻害造成的经济损失,为经济林的持续稳定发展创造条件。例如福建省对各地丘陵山坡的逆温效应开展研究,探索山区小气候环境的分布规律和特征,并利用此规律发展山区果树栽培,将常见的耐冻力弱的荔枝、龙眼、枇杷、橄榄等果树安排在逆温层,分层引种各种特色果树,利用山区逆温暖带这一优势,合理进行立体农业布局。

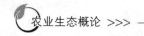

（三）农业生态系统的垂直结构的类型

农业生态系统的垂直结构设计是指运用生态学原理，将各种不同的生物种群组成合理的复合生产系统，以达到最充分、最合理利用环境资源的目的。

在生物群落中，不同物种可配置不同形式的立体结构。在地势高低相差悬殊、起伏明显的山区，自然条件在垂直地带性的分异现象造成了农业生产的立体分布。正是由于农业生态系统的垂直结构，才保证了农业生物更充分地利用空间和环境资源，并取得了显著的生态效益和经济效益。在单位土地面积上，通过种植业、养殖业和加工业的巧妙结合，合理有效地利用光能、空气、水和土地等资源，从而获得较高的生物产量，更好地开发利用与保护自然资源，使农业生产处于良性循环之中。

在我国，利用农业生态系统的垂直结构进行立体农业开发已有 2 000 多年的历史。如珠江三角洲在长期生产实践中形成的基塘农业，利用江河低洼地挖塘培基，基面种植甘蔗、桑、瓜果蔬菜或饲草，水塘养鱼，形成蔗基鱼塘、桑基鱼塘或果基鱼塘等种养结合的生态农业系统，是比较理想的一种立体农业模式。在世界上的其他国家，如斯里兰卡、坦桑尼亚等也常见立体种植，在美国、印度和印度尼西亚等也开始兴起与中国立体农业相似的多层利用、混合种植和农林牧渔结合的种植、养殖业。

农业生态系统的垂直结构大体有立体种植模式、立体养殖模式、立体种养结合类模式以及综合立体种养模式等。这种优化的农业生态系统人工生物群落形成了中国独具特色的立体农业模式。

1. 立体种植类型

（1）农林间作型。有以农作物为主的，也有以林木为主的。如河北省的枣粮间作，河南省的桐粮间作。枣粮间作比单作粮食增产 8%～10%，并有小枣和枝柴的收益。河北沧州是金丝小枣的集中产区，有多种枣粮间作形式。以枣树为主的，每公顷 300 株以上，间作作物以植株矮小的农作物小麦、谷子、豆类、花生、甘薯等为主；以枣粮并重的，每公顷枣树不足 300 株，近枣树处间作低矮作物，远枣树处间作玉米、芝麻等；以农作物为主的，则每公顷枣树不足 150 株。

（2）胶茶（胶椒、胶药）间作型。热带经济林中，常采用多层次的立体间种方式，如胶茶、胶椒、胶药立体种植等。云南的胶茶人工群落，最上层是橡胶冠层（5m），第二层是肉桂和萝芙木（3m），第三层是茶树（1m），最下层是药材砂仁，形成了有四个层次的多层结构。但多数为三个层次，即上层为橡胶树（每公顷 375～600 株），行间种植耐阴的灌木如茶树、咖啡、胡椒等，作为第二个层次，第三层是蔓生的豆科植物，匍匐在地面生长，如毛蔓豆、蝴蝶豆、爪哇葛藤等，用来保持水土，增加土壤有机质。研究表明，胶茶间作年吸收的辐射量比单一胶园高 3.8%，比单一茶园高 7%；胶茶间作园风速比单一胶园下降 56.1%，地表冲刷量减少，橡胶的冻害、病害减轻，产量提高（7.2%～20.9%），茶叶品质改善。且茶叶投产时间比橡胶早三四年，有利于以短养长。胶茶间作全面投产后，每公顷产值比单一橡胶园高出 60% 以上。

热带地区，在人工橡胶林或杧果、楹树、云南樟等林下栽培药材，其中橡胶和砂仁组成的两层农林混合结构应用较广。一般是橡胶定植后四年，树高 4～5m，冠幅 3m，形成一定荫蔽（透光度 30%～40%）并适合砂仁生长时，将砂仁种植在离橡胶树 1.5m 的行间，密度为 4 500～7 500 株/亩。橡胶树根系分布在 0～50cm 土层，砂仁根系分布在 0～20cm 土层。砂仁覆盖地面，可减轻水土流失，使土壤有机质含量提高 0.15%，土壤相对湿度增加 0.5%。每公顷干胶产量比对照地提高 71.99%，产值提高 3.5 倍。

（3）绿肥作物间作。绿肥作物与粮食作物、经济作物间作的实例很多。如油菜、萝卜和紫云英混作，特别是萝卜与紫云英混作，具有较好的种间互补作用。广东省混播绿肥，鲜草亩产量达 3 438kg，比单作绿肥增产 70%。冬季小麦行间种植绿肥、金花菜等，可以为小麦后作棉花提供基肥，在麦棉两熟地区多采用。东北平原地区推广玉米与草木樨间作，两垄玉米一垄草木樨。玉米不减产，100hm² 间作地可额外收获近 15 000kg 鲜草，作肥料或饲料。此外，草木樨的固氮作用对后茬作物有 30% 的增产效果。

（4）农作物高矮间作型。遍及全国各地的玉米与豆类间作，其增产效益显著，据长沙农业现代化研究所玉米间种大豆试验结果，无论带状间作或宽行间作，间作的联合产量比玉米单作增产 13.1%～16.6%，比大豆单作增产 20.6%～38.3%。间种作物除大豆外，还有绿豆、赤豆、黑豆、饭豆、花生等。在瘦地上多采用窄行间作（如 2：2），在肥地上多采用 2：4、2：6、6：6 等比例间作。成功的农作物高矮间作还有玉米和薯类、棉花与甘薯、棉花与大豆间作。四川省盐亭县，采用两行棉花两行甘薯相间种植的方式，使行行棉花都具有边行优势，受光条件良好，结铃率提高；甘薯茎蔓匍伏地面生长，使实际占地面积扩大了 40% 左右，因而棉、薯双增产。间作棉花比单作棉花增产 30% 左右，间作甘薯比单作甘薯增产 50% 左右。

2. 立体养殖类 指对空间进行多层养殖开发，提高空间、时间利用率，从而提高单位空间的产出率。

分层立体养鱼主要是利用鱼类的不同食性和栖息习性进行立体混养。在水域中按鱼类的食性可划分为上层鱼、中层鱼和下层鱼。鳙和鲢以浮游动植物为食，栖息于水体的上层；草鱼、鳊、鲂主要吃草类，如浮萍、水草、陆草、蔬菜等，居水体中层；鲤、鲫吃底栖动物和有机碎屑等杂物，居水体底层。通过这种混合养殖，可充分利用水体空间和饲料资源，充分发挥不同鱼类之间的互利作用，促进鱼类的生长。应用这种方法时应注意，在混养时同一个水层一般适宜选择一种鱼类。此外，混养密度、搭配比例和养鱼方式要与池塘条件相适应。

鱼鸭（猪、鸡、鹅等）混养，水面养鸭、养鹅，水下养鱼；塘边圈养蛋鸭、蛋鹅，以配合饲料养禽，或在鱼塘旁边建猪舍、鸡舍。将畜禽的废弃物，包括粪尿、残剩的饲料等流入鱼塘，可培养浮游生物，使养畜、养禽的饲料得到多层次利用，还可节省鱼饲料，可取得较好的经济效益和生态效益。以鱼鸭结合为例，一般以每公顷水面载禽量 1 500 只，建棚 225m² 为宜。

新疆米泉种猪场，利用育肥猪舍的上层空间笼养鸡，鸡笼距离猪舍 1.5m，鸡粪落入猪舍食槽直接喂猪，或者将鸡粪收起发酵后拌入饲料喂猪。猪粪入沼气池进行发酵，将沼气用于发电，沼渣、沼液作为鱼饲料养鱼，用沼渣水浇灌蔬菜，最后将鱼池的肥水用于稻田的灌溉。

3. 立体种养结合类 有种有养，种养结合。如稻田养鱼，果园养菇，林地养羊、养鹅等。

（1）稻田养鱼。稻田养鱼是利用稻田的浅湿环境，辅以人工措施，既种稻又养鱼。鱼类在农业生态环境中的作用主要表现在三方面。①放养于稻田中的鱼类，既能取食大量的杂草、浮游植物、浮游动物和光合细菌，又能摄食水稻害虫，吞食落入水面的稻虱、叶蝉、螟虫等，将它们储存的能量转化为营养丰富的鱼产品。据统计，养鱼稻田两季水稻平均每亩用药防治病虫害 3.6 次，比未养鱼稻田（13.1 次）减少了 9.5 次，这既减少了农药用量又节省了开支和劳力。②鱼在稻田中搅动，能疏松土壤，增加稻田氧气，有利于有机物的分解，促进水稻根系的呼吸和发育。③鱼类的粪便和排泄物又可以作为水稻的肥料，增加稻田土壤的养分含量，充分发挥稻田的功能。稻田养鱼使得稻、鱼相辅相成，相得益彰。一般稻田养鱼可使水稻增产 10% 左右，最高可增产 40%，每亩稻田可生产鱼种或食用鱼 100kg 左右。浙江省青田县龙现村的稻鱼共生系统，是联合国粮食及农业组织确定的首批全球重要农业文化遗产保护试点之一，于 2005 年 6 月正式授牌。

（2）稻萍鱼农业结构。这是一种多层次、高效益的立体农业结构，已形成比较稳定的配套技术，在福建、四川、湖南、广西、浙江等省份有较大分布。稻田采用垄作，垄上栽培水稻，水面放养红萍，水体养鱼，形成稻萍鱼立体种养结构。上层稻株为萍、鱼提供良好的生长环境；中层红萍可富集钾素、固氮，还能抑制杂草生长，同时为鱼类提供优良饲料；下层鱼类游动可松土、保肥、增氧、除虫等。这种方式充分利用了稻、萍、鱼的互利合作关系，并根据它们的空间生态位和营养生态位，巧妙地结合在一起，从而提高稻田的物质、能量利用率和转化率，具有明显的经济效益、生态效益和社会效益。这可使水稻增产 5%～7%，每公顷增收鲜鱼 750～1 125kg，氮素利用率可达 67% 左右，每公顷纯收入增加 7 500 元左右。

（3）农田种菇。稻田栽种平菇，在稻丛间每亩放 1 000～5 000 袋发好菌丝的培养料，3～7d 后就可出菇。稻菇模式具有很好的生态适应性，管理也较方便，在不影响稻谷产量的前提下每亩可增收平菇 500～1 000kg，增加收入 400～800 元。在河北、山东等地，有些农民在玉米行间开沟套种平菇，并在旁边留浅沟以便干旱时灌水。试验表明，玉米套菇可使玉米增产 10% 以上，每亩可产平菇近 10 000kg。

在南方甘蔗产区，不少农民利用甘蔗和双孢菇生长的时序差异，将甘蔗种植与双孢菇栽培合理地配置于同一空间内，使两者相得益彰。蔗田种菇一般比室内栽培双孢菇增产 24%～26%，最高增产 1 倍以上，生产成本降低约 30%。同时，蔗田种菇也能促进甘蔗生长和提高其产量。蔗田种菇一般选择地势较高、平坦、不积水的农田，在两畦间的蔗沟内作菇床。双孢菇属喜暗食用菌类，生长发育过程中不需要光照。甘蔗叶片茂密，为下层创造了良好的遮阳环境。在甘蔗生长中、后期，通常要摘除甘蔗下层叶片，以利于双孢菇通风透气。福建省一般在 3 月收获甘蔗，此时也是双孢菇的采收结束期，在时序上不发生矛盾。双孢菇采收后，剩余培养料全部还田，能提高蔗田的土壤肥力。

（4）综合立体种养模式。在农业的不同部门间也可实施立体农业工程，将种植业、林业、牧业、渔业等多个农业系统综合起来，通过合理的组合配置，进行优化。如南靖五板桥农场于 2000 年建立了一种牧—沼—渔—果—草的生态种养模式，以果树为主体，配套以养猪和养鱼还有种草（菜），即在池塘养鱼，在岸边和闲杂地种草（菜），山上种果树，山下平地建猪圈养猪，猪圈边建沼气池和生化池。这样，猪粪尿通过沼气池厌氧发酵所产生的沼液、沼渣可以作为养鱼的饲料和种果、菜、草所需的肥料。而产生的沼气作为养猪保温能源和民用能源，草和菜可以作为猪、鱼的青绿饲料，鱼塘泥还能作为果、草的基肥。它们之间在物质与能量方面相互转化，形成综合利用的良性循环，实现经济效益和生态效益的双丰收。

4. 农业生态系统的垂直结构与农作物垂直组建类型 组建作物群体的垂直结构时，需要考虑地上结构与地下结构。地上结构主要是指群体在茎、枝、叶等方面的分布特点。研究茎、枝、叶的合理分布，使群体的空间结构能最大限度地利用光、热、水、气资源。同时，多层分布的冠层，还可保护土地（土壤）少受或不受侵蚀，增强对风雹等不良环境因子的抗性，以及抑制杂草和昆虫的危害等。地下结构是指系统种群的根系在土壤中的分布状况，对作物进行合理地搭配种植，可使群体能最大限度、均衡地利用不同层次的土壤水分和养分，同时收到种间互利的效果。

第四章 | CHAPTER4
农业生态系统的能量流动

地球上所有生物利用的能量来源几乎都是太阳辐射，并遵循热力学第一定律和第二定律进行转化和流动。生态系统的能量流动指的是生态系统中能量的输入、传递、转化和散失的过程。其流动途径是绿色植物通过光合作用把太阳能转化为化学能，并以有机物的形式储存在生物体中。通过食物链和食物网的作用，这些有机物所蕴含的能量在生态系统中自一个营养级传递到另一个营养级，实现能量转化和流动。作为生态系统的三大功能之一，能量流动为生态系统的物质循环提供动力。研究生态系统的能量流动，可以帮助人们科学规划、设计人工生态系统，使能量得到最有效的利用；同时还可以帮助人们合理地调整生态系统中的能量流动关系，使能量持续高效地流向对人类最有益的部分。

在农业生态系统中，人们通过输入人工辅助能对系统的能量流动进行调节和控制，以期使能量向人们所希望的方向转化和流动。学习农业生态系统的能量转化规律，对分析农业生态系统的功能及其组分之间的内在关系，以及提高农业生态系统能量转化效率和物质生产力都是非常必要的。农业生态系统的能量流动既反应系统的物理学过程又体现生物学特性，深入了解农业生态系统能量流动的形式、路径及其特点与效率，对于农业生态系统的管理与调控有重要意义。

第一节 农业生态系统的能源

能量是物质运动的动力，也是生态系统稳定和演替发展的动力，生态系统的各种过程都伴随着能量的流动和转化。农业生态系统的能量来源包括太阳辐射能和辅助能。

一、太阳辐射能

太阳辐射能可以被人类直接利用，它与农业生产关系十分密切。太阳辐射能在地球上主要有两种功能：一方面，绝大部分作为热能被吸收，并以长波的形式将热量传递给大气，以驱动水的循环和空气的流动，从而为生物生长创造合适的温度条件；另一方面，极少一部分的太阳辐射能被绿色植物所截获，通过光合作用形成糖类，将能量储存在有机物中并供应给其他各种动物和异养生物，成为生态系统中其他生物的能量来源。通过植物的光合作用，使几乎所有具有生命的有机体与太阳辅助能之间发生了最为本质的联系。

太阳光主要由可见光、红外线、紫外线组成，不同的光波长不同，在自然界中的效应也不相同（表4-1）。可见光由7种不同波长的单色光（红、橙、黄、绿、青、蓝、紫）构成，一般除绿光外，均是绿色植物进行光合作用的生理辐射。植物一般只能将其中的小部分太阳辐射能转化为储存在有机物里的能量，对太阳辐射能利用率在 $1\%\sim5\%$。由于环境条件和植物种类的不同，植物实际的光能利用率通常在 $0.5\%\sim3.0\%$ 范围内。太阳辐射能既是能源，又是重要的环境因子。因此，太阳辐射能的数量和分布，对于任何地区生态系统的结构和功能都是基本的决定因素。

表 4-1 不同波长辐射对生物的效应

波长范围（nm）	光色	对生物的影响
>1 000	远红外光	会产生热效应，有助于形成生物生长的热量环境
720～1 000	红外光	植物吸收很少，对植物有伸长作用，能增加干重，但抑制玉米、番茄、亚麻干重增加
610～720	橙红光	植物叶绿素最易吸收的部分，是光合作用的主要能源。有强光周期效应，与叶绿体形成及叶片生长有直接关系，对叶肉及根的形成很重要
510～610	绿黄光	光合作用的弱活性带，光合效率低，对植物生长发育无明显影响
400～510	蓝紫光	叶绿体的强烈吸收光谱带和黄色素的吸收光谱带
310～400	长波紫外光	具有增厚叶片和抵制植物徒长的作用
<310	紫外线	具有较强的组织穿透能力和破坏能力，能提高植物组织中蛋白质及纤维素含量，还会杀死微生物

二、辅助能

除太阳辐射能外，向生态系统输入其他形式的能量，对生态系统的生物生长繁衍乃至食物链能量转化与传递起辅助作用，统称为生态系统的辅助能。辅助能无法直接被生态系统中的生物转换为化学能，但可以促进太阳辐射能的转化，对生态系统中生物繁衍、能量转化与传递、物质循环等起着很大的辅助作用。

农业生态系统中的辅助能，根据其来源不同可分为自然辅助能和人工辅助能两种类型，辅助以太阳辐射能为起点的食物链能量转化过程。自然界通过能量传递、物质流动等方式输入到某一生态系统的能量，如风能、潮汐能、地热能等，称为生态系统自然辅助能。在农业生态系统等人工和人工驯化生态系统中，人们投入的人力、畜力、燃料、电力、机械和肥（饲）料、农（兽）药、农用薄膜、良种等，辅助生态系统以太阳能为起点的食物链能量转化，称为生态系统人工辅助能。根据人工辅助能的来源和性质，还可将人工辅助能分为两类：工业辅助能和生物辅助能。

辅助能在生态系统中发挥着重要作用。潮汐及风、雨等气候条件和江河湖海的水流，对于养分搬运、环境调节、生物运动等都会产生重要影响。许多时候，自然辅助能还能够推动生态系统的时空结构变化和演替过程。农业生态系统输入辅助能，可以通过解除一些限制因子的制约来改善农业生态系统机能，从而提高农业生产力。由于农业生态系统是半人工生态系统，生态演替前期在结构上处于单一而不稳定阶段，功能上缺乏足够的自我调节和再生机制，应用辅助能可以控制自然演替趋势。

合理使用农业生态系统辅助能，发展低碳循环农业，是农业生态系统调控的有效途径。第一，农业投入品包括水、农药、化肥、农机具等，科学使用这些投入品是其中的重点；第二，包括农作物秸秆、畜禽粪便、农产品加工副产品、能源作物等的农业物质能源发展潜力巨大，通过沼气、柴炉灶等缓解农村居民生活用能紧张是其中的突破口；第三，农业节能还要考虑减少大型农业机械能源等农业直接能源消耗；第四，设施农业如大棚、温室、育苗等也有较大的节能空间；第五，积极发展小水电、风能、太阳能等农村可再生能源。

农业生态系统的重要特点是投入大量的人工辅助能以提高农业目标生物的生产力（图4-1）。作物生产中通过采用优良的种子、种苗以及施肥、灌溉、耕作等措施提高作物的光合效率和初级生产力；通过人工除草和施用除草剂减少杂草与作物的竞争，通过施用农药减少病虫害来提高作物的净初级生产力。

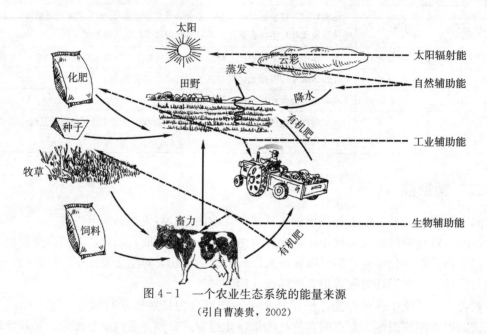

图 4-1　一个农业生态系统的能量来源

(引自曹凑贵，2002)

第二节　农业生态系统能量流动的基本定律

热力学是研究能量变换规律的科学，生物有机体、生态系统乃至整个生物圈都具有基本的热力学特点。在生态系统中，能量的传递和转换服从基本的热力学定律。农业生态系统中的能量流动与转化同样遵循热力学定律与熵定律。农业生态系统能量转化的实质就是人类利用动植物的生物学特性固定、转化太阳辐射能为植物产品和动物产品中化学潜能的生物学过程。在食物链各营养级能量转化过程中，能量不断地消耗与输出，并逐级减少。

一、热力学第一定律

热力学第一定律又称能量守恒定律。能量可以在不同的介质中传递，在不同形式间转换，但能量既不能被创造，也不能被消灭。能量在转换过程中总量是守恒的，只能按严格的热功当量比例由一种形式转变为另一种形式。如果用 ΔE 表示系统内能的变化，ΔQ 表示系统所吸收的热量或放出的热量，ΔW 表示系统对外所做的功，则热力学第一定律可表示为 $\Delta E = \Delta Q + \Delta W$，即一个系统的任何状态变化，都伴随着吸热、放热和做功，而系统和外界的总能量并不增加或减少，它是守恒的。

自然界能量以多种形式存在，如化学能、辐射能、势能、电能、动能、核能、热能等，这些形式的能量可以在不同介质中被传递，在不同形式之间进行转换。在生态系统中，太阳以电磁波形式传播的辐射能，通过绿色植物的光合作用转变为植物化学能；食草动物又将植物能的一部分转化为动物潜能。在这些过程中，输入的总能必恒等于能量转化过程中的能耗和下一能级的总和。因此，对于生态系统中的能量转换和传递过程，都可以根据热力学第一定律进行定量，这也是农业生态系统能量投入和产出平衡和定量分析的理论基础。

例如，在作物光合作用过程中，每固定 1g CO_2 分子大约要吸收 2.093×10^6 J 的太阳辐射能，而光合产物中只有 4.69×10^5 J 的能量以化学潜能的形式被固定下来，其余的 1.624×10^6 J 的能量则以热量的形式消耗在固定 1g CO_2 分子所做的功中。在这个过程中，太阳能分别被转化为化学潜能和热能，但总量仍是 2.093×10^6 J，没有发生变化。被固定的化学潜能进入食物链以后，又被异养生物转化为自身的化学潜能或以动能、热能的形式被消耗掉。

二、热力学第二定律

19 世纪中期，德国物理学家克劳修斯提出了热力学第二定律，又称能量衰变定律，是表达能量传递方向和转换效率的规律。它主要阐释两点：一是能量的自发传递是有方向性的；二是任何的能量转换，其效率都不可能是 100%的。一个自发的过程，其相反的过程则是无法自发进行的，这也证明了生态系统的能量从太阳流出，经过生态系统中的生物有机体，最后流入非生物环境，整个过程系统中的能量只能单向流动而不能循环。同时，能量从一个营养级到下一个营养级的过程中，其大小是在不断减小的，根据实验观测，从一个营养级到下一个营养级，能量的传递率仅约为 10%，而其他大部能量则以无用功（生命活动和热辐射）的形式消耗了。

热力学第二定律又叫熵增原理，表述为："孤立系统的熵，永远随时间而增加，直至达到熵的极大值为止，$ds/dt \geqslant 0$。"所谓孤立系统，即系统与外界没有物质能量的交换。熵是一个热力学函数，是对系统或事物无序性的量度。在计算上用系统从绝对零度（无分子运动）的最大有序状态向某种含热状态变化过程中单位温度变化对应的系统热量变化来衡量。熵表述的热力学第二定律：封闭系统的自发过程总是使系统的熵不断增加到最大值才停止，也就是说一切自发的过程是系统从有序走向无序的熵增加过程。这是一个自发的过程，不需要外加能量。相反，熵减少的方向，或者有序性增加的方向就必须依赖输入能量的推动，而且输入能量的转化效率都必然少于 100%。所以热力学第二定律可以理解为任何一个断绝外界物质和能量输入的系统，总是从有序到无序，直到熵最大、最无序的状态，即热力学平衡态为止。

在生态系统中，能量的转换也服从热力学第二定律。当生态系统没有能量输入的情况下，必然逐步瓦解。要维系生态系统的结构就需要输入太阳能等能量，再通过转化，维系和改善系统的有序性。当能量在生产者、消费者和分解者之间进行流动和传递时，一部分能量通过呼吸作用在化学分解过程中以热辐射形式消散掉，其余能量用于做功、合成新的

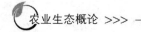

生物组织或以物质的化学潜能形式储存起来。

三、十分之一定律

美国生态学家 Lindeman 在研究湖泊生态系统的能量流动时发现，能量沿食物链流动时，能流越来越小，通常后一营养级所获得的能量大约为前一营养级的 10%，在能流过程中大约损失 90% 的能量，这就是著名的十分之一定律或称林德曼效率或生态效率。它是指 $n+1$（n 代表营养级别）营养级所获得的能量占 n 营养级获得能量之比，相当于同化效率、生长效率与消费效率的乘积。林德曼效率是生态学研究中一条重要的规律。

林德曼效率（I_{n+1}/I_n）＝$n+1$ 营养级的摄取能量/n 营养级的摄取能量

生态效率在不同的动物、不同的食物链、不同的生态系统中差别很大，即使在同一食物链也会发生改变。如放牧牛羊时，若牧草丰富，它们往往采食幼嫩、可口的部分，牧草不足时，可能会啃食一光，利用效率就提高了，植食动物的同化效率比肉食动物低。但随着营养级的增加，呼吸消耗所占的比例也相应增加，因而导致肉食动物营养级净生产量相应下降。

四、生态金字塔

（一）营养级

自然界中物种之间的营养关系错综复杂，但是还没有一种食物网能够如实地反映出自然界食物网的复杂性。为了使生物之间复杂的营养关系变得更加简明和便于进行定量的能流分析和物质循环的研究，于是，生态学家又在食物链和食物网概念的基础上提出了营养级的概念。

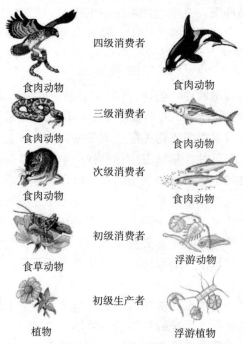

图 4-2　陆生和水生生态系统中的营养级关系

一个营养级是指处于食物链某一环节上的所有生物种的总和。营养级之间的关系不是指一种生物和另一种生物之间的营养关系，而是指处在不同营养级层次上的生物之间的关系。例如，同化太阳能的绿色植物和所有自养生物构成了第一个营养级。所有以生产者（主要是绿色植物）为食的动物都属于第二个营养级，即植食动物营养级。第三个营养级包括所有以植食动物为食的肉食动物。以此类推，还可以有第四个营养级（即二级肉食动物营养级）和第五个营养级等。由于环节数目是受到限制的，所以营养级的数目也不可能很多，一般限于3～5个（图4-2）。营养级的位置越高，归属于这个营养级的生物种类和数量就越少，当少到一定程度的时候，就不可能再维持另一个营养级中生物的生存了，这是由林德曼效率所决定的。

在生态系统中有很多动物，往往难以依据它们的营养关系把它们放在某一个特定的营养级中，因为它们可以同时在几个营养级取食或随着季节的变化而改变食性，如螳螂既捕食植食性昆虫又捕食肉食性昆虫。但为了分析的方便，生态学家常常依据动物的主要食性决定它们的营养级。

（二）生态金字塔

生态金字塔是指由于能量每经过一个营养级时被净同化的部分都要明显少于前一个营养级，当营养级由低到高，其个体数目、生物量或所含能量就呈现类似埃及金字塔的形状分布。假如用一定比例的长方形图来表示食物链中每一营养级上的生产量或能量，再将这些长方形图按营养级高低由下而上叠在一起，构成了一种金字塔形的图，即金字塔营养级或生态金字塔。

生态金字塔是指各个营养级之间的数量关系，这种数量关系可采用生物量单位、个体数量单位和能量单位表示，采用这些单位所构成的生态金字塔就分别称为生物量金字塔、数量金字塔和能量金字塔。

生物量金字塔以生物组织的干重表示每一个营养级中生物的总质量。一般说来，绿色植物的生物量要大于它们所养活的植食动物的生物量，而植食动物的生物量要大于以它们为食的肉食动物的生物量。从低营养级到高营养级，生物的生物量通常是逐渐减少的，因此，生物量金字塔是下宽上窄的锥形体。在陆地和浅水生态系统中，生产者个体大，积累的有机物质多，生活史长且只有很少量被取食。但是，在湖泊和开阔海洋这样的水域生态系统中，初级生产者主要是微小的单细胞藻类，这些藻类世代历期短、繁殖迅速，只能累积很少的有机物质，并且浮游动物对它们的取食强度很大，因此生物量很小，常表现为一个倒锥形的生物量金字塔。

数量金字塔是Elton在1927年首先提出来的，他曾指出在食物链不同环节上生物的个体数量存在着巨大差异。数量金字塔按有机体数量的多少表示。这种金字塔一般情况下可清楚地表明各营养级由下而上的数量变化：如通常在食物链的始端生物个体数量最多，沿着食物链往后的各个环节上生物个体数量逐渐减少，到了位于食物链顶端的肉食动物，数量就会变得极少，因此数量金字塔一般也是下宽上窄的正锥体。数量金字塔的缺点是它忽视了生物的重量因素，如一头大象和一只昆虫，生物数目都是1，但是它们的质量却差别太大，难以类比，有时一些生物的数量可能很多，但它们的总质量（即生物量）却不一定比较大生物的总质量多。数量金字塔在有些情况下也可以呈现出倒锥形，例如成千上万

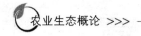

个昆虫以一株大树为生，或大量寄生虫寄生于一个生物体上时的情况。

能量金字塔是利用各营养级所固定的总能量值的多少构成的生态金字塔。因为它是用净生产力或能量来表示，不会出现倒置，它较前两种金字塔更为准确和重要。一般说来，不同的营养级在单位时间，单位面积上所固定的能量值是存在着巨大差异的。能量在营养级之间流动的过程中是逐渐减少的，能量金字塔不仅可以表明流经每一个营养级的总能量值，而且更重要的是可以表明各种生物在生态系统能量转化中所起的实际作用。能量金字塔绝不会像生物量金字塔和数量金字塔在某些生态系统中出现倒金字塔形，因为生产者在单位时间、单位面积上所固定的能量一定是大于靠吃它们为生的植食动物所生产的能量，同样，肉食动物所生产的能量绝对不会大于他们所捕食的植食动物。即使是在生产者的生物量小于消费者生物量的特定情况下（即生物量金字塔呈倒锥形），生产者所固定的能量也必定多于消费者所生产的能量，因为消费者的生物量归根结底是靠消费生产者而转化来的。

第三节　农业生态系统能量流动途径与转化效率

生态系统的基本功能之一就是能量流动。生态系统中的能量主要来自太阳辐射能。太阳辐射中的红外线能够产生热效应，形成生物的热环境；紫外线主要功能是消毒灭菌和促进维生素 D 生成；可见光为植物光合作用提供能源。除太阳辐射外，辅助能对生态系统中光合产物的形成、物质循环、生物的生存和繁殖起着辅助作用。

一、能量流动的渠道

农业生态系统中的能量流动，是借助于食物链和食物网来实现的，因此食物链和食物网是生态系统中能量流动的渠道。

生态学上把具有相同营养方式和食性的生物统归为同一营养层次，并把食物链中的每一个营养层次称为营养级，或者说营养级是食物链上的一个个环节。如生产者称为第一营养级，它们都是自养生物；草食动物为第二营养级，它们是异养生物并具有以植物为食的共同食性；肉食动物为第三营养级，它们的营养方式也属于异养型，而且都以草食动物为食。一般来说，食物链中的营养级不会多于 5 个，这是因为能量沿着食物链的营养级逐级流动时，是不断减少的。根据热力学第二定律，当能量流经 4～5 个营养级之后，所剩下的能量已经少到不足以维持一个营养级的生命了。

二、能量流动途径和过程

生态系统的能量流动实质上就是能量由非生物环境经生物有机体再到外界环境的一系列转换过程。太阳辐射能被初级生产者（绿色植物）捕获后，通过光合作用将日光能转化为储存在植物有机物质中的化学潜能，就进入了生态系统能量流动的渠道。

1. 第一条能流路径（主路径）　植物有机体被一级消费者（食草动物）捕食消化，称为二级生产者（食草动物），二级生产者（食草动物）又被二级消费者（食肉动物）所捕食消化，称为三级生产者（食肉动物），还有四、五级生产者等。能量沿食物链传递过程，在不同的营养级流动，每一营养级都将从上一级转化而来的部分能量固定在本营养级的生物有机体中。同时，由于能量逐级损失，产量逐级下降，最终能量全部归还于非生物环境。

2. 第二条能流路径 在食物链过程中，不同营养级都会有一部分死亡的生物有机体，以及排泄物或残留体进入腐食食物链，在分解者（微生物）的作用下，这些复杂的有机物质被还原为简单的二氧化碳、水和其他无机物质。有机物质中的能量以热量的形式散发于非生物环境。

3. 第三条能流路径 无论哪一级生物有机体在其生命代谢过程中都要呼吸消耗掉大量的能量，这部分能量以热量的形式散发于非生物环境。

对于一个开放的农业生态系统而言，除以上三条路径是能量流动的共同路径外，其能量流动的路径还有许多。农业生态系统不仅依靠自然能的投入，还需要投入大量的人工辅助能。人工辅助能大多数在做功之后以热能的形式散失，其作用是强化、扩大、提高生态系统能量流动的速率和转化率。从能量的输入来看，人类从农业生态系统内输出大量的农畜产品，大量的能量与物质流向系统之外，形成了一股强大的输出能流，这也是农业生态系统区别于自然生态系统的一条能流路径。

第五章 | CHAPTER5
农业生态系统的物质循环

能量流动和物质循环是生态系统的主要功能，二者是同时进行的，彼此相互依存，不可分割。物质是能量的载体，能量是物质循环的动力。生态系统中的各种组成成分，正是通过能量流动和物质循环，才能够紧密地联系在一起，形成一个统一的整体。

第一节　物质循环的概念和基本规律

一、物质循环的有关概念

（一）生命与元素

生命的维持不仅依赖于能量的供应，而且也依赖于各种化学元素的供应。自然界已知的 100 多种化学元素中，生命必需元素有 30 多种，这些元素根据生物的需要可分为三类：生物体对碳、氢、氧的需要量最大，最为重要，称为能量元素（energy elements）；此外，还需要钙、镁、钾、硫、钠等大量元素（macronutrient）；铜、锌、硼、锰、钼等微量元素（micronutrient）。能量元素、大量元素和微量元素均称为生物性元素，他们是生物生命活动不可缺少的，缺乏其中任何一种都会造成生物生长发育不良，甚至生命终止。

物质的循环过程是物质由简单无机态到复杂有机态再回到简单无机态的再生过程，同时也是系统能量由生物固定、转化和消散的过程。物质流动不是单方向流动，而是往复循环的。物质在流动的过程中只是形态在改变而不会消失，可以在系统内永恒的循环。生态系统中能量流与物质循环的关系如图 5-1 所示。

（二）库与流

物质在运动过程中被暂时固定、储存的场所称为库（pool）。生态系统中的各个组分都是物质循环的库，可分为植物库、动物库、大气库、土壤库和水体库。在生物地球化学循环中，依据库容量以及各种营养元素在各库中的流动速率和滞留时间把库归为两大类：一为储存库（reservoir pool），其库容量大，元素在库中的滞留时间长，流动速率小，多属于非生物成分；二为交换库（exchange pool），容量小，元素的滞留时间短，流速较快，多属于生物成分。

物质在生态系统中的循环实际上是在库与库之间的彼此流通。例如，在一个水生生态系统中，水体中含有磷，水体是磷的储存库，浮游生物体内含有磷，浮游生物是磷的交换库，而含磷的底泥又是另外一个库。磷在库与库之间的转移（浮游生物对水体中磷的吸收

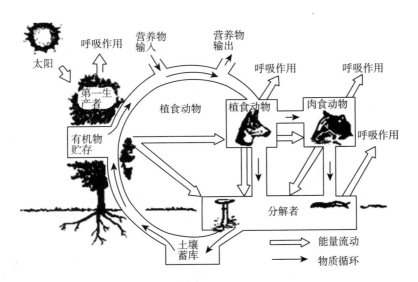

图 5-1　生态系统中能量流与物质循环的关系

(引自 R. L. Smith，1972)

及生物死后残体下沉到底泥，底泥中的磷又缓慢释放到水体中）就构成了这个生态系统中的磷循环。

物质在库与库之间的转移称为物质流（materialflow）。单位时间或单位体积的转移量就称为流通量。生态系统中的能量流动、物质流动、信息流动使生态系统各组分密切联系起来，并使系统与外界环境联系起来。没有库，环境资源不能被吸收、固定、转化为各种产物；没有流，库与库之间就不能联系、沟通，则会使物质循环短路，生命无以维持，生态系统瓦解。

（三）生物量与现存量

在某一特定观察时刻，单位面积或体积内积存的有机物总量构成生物量。它可以是特指的某种生物的生物量，也可以指全部的植物、动物和微生物的生物量。生物量又可称为现存量（standing crop）。而现存量与减少量之和称为生产量。减少量是指由于被取食、寄生或死亡、脱毛、产茧等损失的量，不包括呼吸损失量。生产量与现存量没有直接的关系，生产量高的生态系统，生物现存量不一定大。例如，某生态系统的生产量为 6 000kg，但由于减少量为 3 000kg，其现存量也只有 3 000kg。在生态学研究中，通常测定的是现存量及由其推算的净生产量。净生产量是总生产量扣除植物或动物器官呼吸量后的剩余量，即在一定时间内以植物或动物组织或储藏物质的形式表现出来的有机质数量。

（四）周转率和周转期

流通量通常用单位时间、单位面积内通过的营养物质的绝对值来表示。为表示一个特定的流通过程对有关库的重要性，用周转率（turnover rate）和周转期（turnover time）来表示，所以周转率和周转期是衡量物质流动（或交换）效率高低的两个重要指标。周转率（R）是指系统达到稳定状态后，某一组分（库）中的物质在单位时间内所流出的量（F_O）或流入的量（F_I）占库存总量（S）的分数值。周转期（T）是周转率的倒数，表

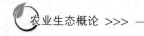

示该组分的物质全部更换平均需要的时间。

$$R = \frac{F_I}{S} = \frac{F_O}{S}$$
$$T = 1/R$$

物质在运动过程中，周转速率越高，则周转时间越短。循环元素的性质、生物的生长速率、有机物的分解速率等是影响周转率和周转期的重要因素。

二、物质循环的类型

（一）生物地球化学循环

各种化学元素包括生命有机体所必需的营养物质，在不同层次、不同大小的生态系统内，乃至生物圈里，沿着特定的途径从环境到生物体，从生物体再到环境，不断进行着流动和循环，构成了生物地球化学循环（biogeochemical cycle）。生物地球化学循环依据其循环的范围和周期，可分为地质大循环和生物小循环，它们是密切联系、相辅相成的。

地质大循环是指物质或元素经生物体的吸收作用，从环境进入生物有机体内，然后生物有机体以死体、残体或排泄物的形式将物质或元素返回环境，进入五大圈层（大气圈、水圈、岩石圈、土壤圈和生物圈）的循环。地质大循环具有范围大、周期长、影响面广等特点。地质大循环几乎没有物质的输入和输出，是闭合式循环。例如，整个大气圈中的CO_2，通过生物圈中生物的光合作用和呼吸作用，约 300 年循环 1 次；O_2 通过生物代谢约 2 000 年循环 1 次；水圈（包括占地球面积 71％的海洋）中的水，通过生物圈的吸收、排泄、蒸发、蒸腾，约 200 万年循环 1 次；至于由岩石土壤风化出来的矿物元素，循环 1 次则需要更长的时间，有的长达几亿年。

生物小循环是指环境中元素经生物体吸收，在生态系统中被相继利用，然后经过生态系统中分解者的作用，回到环境后，再为生产者吸收和利用的循环过程。生物小循环具有范围小、时间短、速度快等特点。生物小循环在一个生态系统范围内，物质的输入和输出明显，是开放式的循环体系。

（二）物质循环的基本类型

从整个生物圈的观点出发，尽管化学元素各有其特征，但根据其属性可将物质循环分为气相型循环（gaseous cycle）和沉积型循环（sedimentary cycle）两种类型（表 5-1）。

表 5-1　气相型循环与沉积型循环的主要特征

（引自曹凑贵，2002）

主要特征	气相型循环	沉积型循环
元素类型	有气态化合物或分子（碳、氢、氧、氮等）	无气态化合物或分子（磷、钙、钾、钠、镁等）
主要储存库	大气圈、水圈	岩石圈、土壤圈
循环速度	快	慢
运动方式	扩散	沉降、抬升、风化、溶解
抗干扰能力	强	弱
循环性质	完全循环	不完全循环

1. 气相型循环　大气和海洋是物质的主要储存库，其与物质循环密切相关。参加这类循环的元素相对地具有扩散性强、流动性大和容易混合的特点。该类循环主要以气体形式进行扩散和传播，循环的周期较短，很少出现元素的过分聚集或短缺现象，具有明显的全球循环性质和比较完善的循环系统。参与气体循环的元素主要有氧、碳、氮、氯、溴和氟等。

2. 沉积型循环　参与沉积型循环的物质，其分子或化合物不存在气体形态，岩石的风化和沉积物的分解作用是这些物质转变为可被生态系统利用的营养物质的主要方式，而海底沉积物则要经过数千年缓慢的、单向的物质移动过程才能转化为岩石圈的成分。土壤、沉积物和岩石是这些沉积型循环物质的主要储存库，而不存在气体形态，因此，这类物质循环的全球性不如气体型循环明显，循环性能也很不完善。磷、钙、钾、钠、镁、铁、锰、碘、铜、硅等均属于沉积型循环的物质，其中磷从岩石中释放出来，最终又沉积在海底并转化为新的岩石，是较典型的沉积型循环物质。

三、农业生态系统物质循环的特点

一般来说，自然生态系统的物质循环具有自我调节的功能，循环中的每一个库与流因外来干扰引起的变化，都会引起有关生物的相应变化，产生负反馈（negative feedback）调节，使变化趋向消失而恢复稳态。如大气中二氧化碳浓度的上升会使光合作用增强；土壤中有效氮的缺乏，使共生、自生固氮微生物大量增殖；水域富营养化使水藻和水生植物恶性繁殖等。

农业生态系统的物质循环受到自我调节和人工调节双重影响。在农业生态系统层次上，物质循环要研究的是某种营养物质的循环途径、效率及其作用。农业生态系统是在人类生产活动的干预下，农业生物群体与其周围的自然和社会经济因素彼此联系、相互作用而共同建立起的固定、转化太阳能和其他营养物质，获取一系列农副产品的生态系统。因此，人工调控是农业生态系统的物质循环与自然生态系统物质循环的重要差别。为了满足社会需要，人类经常要从农业生态系统中获取粮食、肉类、纤维素等农畜产品并运销外地，使一部分能量和物质输出至系统之外。为使系统保持平衡和具有一定的生产力水平，必须通过多种途径投入化肥、有机肥料、水，以及用于开动各种机械的化石燃料等物质和能量，以补偿产品输出后所出现的亏损。所以农业生态系统是一个能量和物质的输入量和输出量均较大和较迅速的开放系统。随着生产资料的投入与产品的输出，农业生态系统中的能量流动和物质循环流动和循环的途径多、变化大，不仅发生于生物—环境系统中，也发生于生物—环境—社会系统之中。

农业生态系统的物质循环也包括气体循环、水分循环和养分循环等几种基本类型，但是由于人类的干预，一些元素的循环改变物质原有的自然循环过程，如有的物质或元素（如氮、磷、钾等）因人为投入量大，其循环被加强，有些类型物质的循环则相对减弱，也就是说，农业生态系统的物质循环具有较强的人为调控特色。

在农业生态系统物质循环的研究方面，主要集中在农业生态系统的水分循环与管理、养分循环与管理、盐分控制与管理、污染物的迁移转化与控制以及农田生态系统温室效应气体（二氧化碳、甲烷及氮氧化物等）释放等方面。研究内容涉及物质固定、迁移与转化

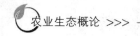

等行为与途径，参与循环的物质总量，循环速率，系统各分室中暂留的物质量，转化效率及其环境效应等方面。

第二节　水循环及其利用效率

水是生态系统中其他生命必需物质得以无限循环运动的介质，没有水循环也就没有生物地球化学循环。因而，水和水循环在生态系统中具有特别重要的意义。水不仅是生物体的大部分质量组成，而且也是生物体生命活动的基本物质。水是生态系统中最佳的溶剂，它可以在一个地方将岩石侵蚀，溶解蕴藏在其中的矿物质元素，并通过流动、携带和运输又在另一个地方将物质沉降下来，影响着各类营养物质在地球上的分布，从而改变着地理环境。此外，水循环也影响地球热量的收支情况以及能量的传递和利用，冰融为水、水温上升以及液体水的汽化都会消耗地球上大量存在的热能，因此，水在防止环境温度发生剧烈波动中起着重要的调节作用。随着人类活动的加剧，对区域水循环过程的影响日益突出，加强全球变化及人类活动对水循环过程的影响及其反馈研究，揭示其响应规律是当前变化环境下水循环研究的主要方向之一。

一、水循环的一般模式

（一）全球水循环

在全球生态系统中，水主要以液态、固态和气态三种状态分布于海洋、冰川、地下、内陆湖泊、大气五大库中。其中，海洋持水量约占水量的97%，余下的陆地含水量占3%。冰川作为陆地上最大的淡水储存库，以固体状态储藏着其中的75%，还有部分埋藏于地下很深的地方，难以开采，只有余下不到1%的水，才是供人类用的液态淡水。这不到1%的淡水中，湖水占了约0.03%，江河和溪流的水占了0.005%，土壤含水量总计约占0.3%，而生物含水量只占很小的一部分。大气圈与水的循环密切相关，但大气圈仅含有地球淡水量的0.035%。

全球水循环是由太阳能推动的，它通过蒸发、冷凝、降水和径流等过程，将大气、海洋和陆地联系到一起，共同形成一个全球性水循环系统，并成为地球上各种物质循环的中心。

水循环是稳定状态的完全循环，就全球范围而言，降水量和蒸发量相平衡。也就是说，通过降水和蒸发这两种形式，使得地球上的水分保持一种平衡状态。但在不同的表面、不同地区的降水量和蒸发量是不同的。一般来说，在陆地上降水量大于蒸发量，在海洋上却是蒸发量大于降水量，而陆地上进入海洋的径流量对于海洋的蒸发量来说则是一种补偿。如果把全球的水量看作是100个单位，那么，平均海洋蒸发量为84个单位，海洋接受降水量为77个单位；陆地蒸发量为16个单位，陆地接受降水量为23个单位，从陆地流入海洋的水量为7个单位，从而使海洋的蒸发亏损得到平衡。

（二）农业生态系统中的水循环

生态系统中的水循环包括截取、渗透、蒸发、蒸腾和地表径流。植物在水循环中起着重要作用，植物从环境中摄取的物质，数量最大的部分是水分。据计算，一株玉米一天大约需要消耗 2kg 水，完成整个生长发育过程就需要 200kg 水。植物通过根吸收土壤中的水分。与其他物质不同的是进入植物体的水分，只有 1%～3%参与植物体的建造并进入食物链，由其他营养级所利用，其余 97%～98%通过叶面蒸腾返回大气中，参与水分的再循环。例如生长茂盛的水稻，每公顷每天大约吸收 70t 的水，这些被吸收的水分仅有 5%用于维持原生质的功能和光合作用，其余大部分成为水蒸气从气孔排出。不同的植被类型，蒸腾作用是不同的，而以森林植被的蒸腾量为最大，它在水的生物地球化学循环中作用最为重要。

与自然界水分循环不同，农田生态系统的水分循环明显增加了两个重要分量，即灌溉与排水。根据农田生态系统的水分循环过程分析，降水、腾发（包括蒸腾与蒸发）、渗漏、侧漏、灌溉、地下水上升、排水以及农田持水是整个循环的主要过程。其水量平衡方程为：

$$R + I + U = ET + P + S + D + O$$

式中：R 为降水量；I 为灌水量；U 为地下水上升的量；ET 为腾发量（包括叶面蒸腾和土表水面蒸发）；P 为渗漏，下界面垂直溢出的水分；S 为侧渗，侧向移动的水分；D 为排水量，O 为农田持水量，包括土壤吸水和土壤持水（如水田）的水量。

农田水分循环的生态学意义：①水是植物光合作用的原料之一，直接参与植物的组织构建；②水是植物体进行生理生化过程的必要介质，参与植物体内各种新陈代谢活动，原生质只有在水分饱和时才表现出生命性状，当缺少水分时，即使不死，生命过程至少也进入停滞状态；③植物体传输养分需要水分，土壤养分通过上升的蒸腾流送往作物生长发育的活跃部分；④水分是重要的环境调节因子，植物通过蒸腾作用降低叶温，保持植物体的正常体温，同时水分对农田生态系统的湿度、温度也有重要的调节作用。在农田中作物大量的水分散发主要是用于传输养分和调节体温。

二、人类活动对水循环的影响

海洋是地球上水圈的主体，约占地球表面积的 71%，因此地球上水资源总量并不少。但淡水仅占全球总水量的 3%左右，且其中 70%存在于南极和北极的冰盖中以及格陵兰的冰层中，加上高山上的冰川和永冻积雪，约 87%的淡水资源难以被人类利用，因此，可被人类利用的水资源十分有限。人类长期的工农业活动和生活，在一定程度上改变了水分循环的过程和效率，破坏了水的天然储藏库，使得水分循环发生异常。人类对水环境的干扰是多方面的，主要表现在下述几个方面。

（1）植被破坏削弱了降水到达地面后的入渗过程，减小了土壤的库容，导致了水土流失及江河下游的季节性旱涝。

（2）围湖造田以及排干沼泽、冬水田、低湿地等，使地表的蓄水、调洪、供水功能缩减，引起地区性的旱涝加剧。

（3）城镇建设造成硬质化地面剧增，减弱了植被和土壤下渗与蓄水的功能，同时还由于湖塘和湿地占用，排涝系统过洪能力偏低或淤积，从而造成暴雨后街道成河、楼房淹水、水没车顶、人员溺亡等频频发生。

（4）兴建大型的截流、蓄水、引水、灌溉工程，可改变整个流域的水平衡和水环境，

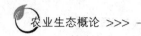

导致发生相应的生态演替。同时，由此引起局部地下水位升降，可使流域不同部位盐渍化、沼泽化和干旱化同时出现。

（5）过度开采地表水和地下水，使江河干涸，地下水位呈现"漏斗"状，导致海水入侵等异常现象。

（6）大量的人类生产用水和生活用水消耗，导致了水分库存从自然库向人工库转移，严重地破坏了自然界的水分循环过程和分布格局。

（7）工业生产的"三废"物质排放、生活污水排放，以及农业面源污染等进一步导致了水体理化性质改变与水质下降，进而改变了水循环过程和效率，影响水功能，造成了水资源危机。在人类的发展历史中，既有人类整治江河，化水害为水利的许多案例，也有区域水循环变迁导致人类文明衰败的许多历史教训。

三、提高农田水分利用效率的调控技术

（一）加强水分涵养，扩大土壤的水分库容

良好的植被覆盖对区域农业生态系统的水分调节具有极其重要的作用。首先，森林对所在地的局域气候有一定的调节作用，如通过蒸腾作用带走热量，降低气温，通过摩擦和阻挡作用降低乱流交换率，增加空气湿度。同时，森林的树冠截留部分森林上空降水，致使林内所形成的径流强度比较小，减少了雨水的冲刷作用。森林的枯枝败叶厚厚的盖着林地，腐烂以后成为优质有机肥料，具有良好的水土保持作用。植树造林属于一种生态调控措施。

（二）完善农田水利基本设施建设，提高水分利用效率

农业用水量占我国总用水量的 80%，由于灌溉方式不合理，灌溉用水效率只有25%～40%。同时，我国国土面积一半以上为半干旱地区，可耕地一半以上为无灌溉旱地。因此，通过兴建水库、治沟筑坝、打井修渠等措施加强农田基本建设，是农业目前摆脱"靠雨吃饭"实现水分调控的一种必要且行之有效的途径。通过河、井、渠、坑并用，排、灌、蓄、滞等工程措施相结合，拦蓄非耕地地表径流，加强对水资源的转化、利用、调节、节约和保护，这样一方面可人为调节水分的季节分配，保蓄水源，减少水资源浪费，减少水土流失；另一方面通过水分供应的时空调节和潜水位调节可保持农田土壤水分的平衡，对提高水分利用效率和经济效益具有重要作用。

（三）优化耕作制度与管理方式，发展节水农业

提高农田降水的利用效率和提高作物对水分的利用效率是提高农业水分利用效率的两个方面。除了农田水利基本建设以外，地面覆盖也可有效减少土面蒸发。地面覆盖一般包括以下几种类型：①生物覆盖，如有机肥覆盖、秸秆及其残余物覆盖、植物冠层覆盖等；②沙砾覆盖（沙田）；③化学覆盖，如可分解薄膜覆盖、沥青及其他作物防蒸发剂和作物防蒸腾剂的应用等。在环境水得到有效控制之后，提高作用水分利用率是提高农田水分利用效率的难点，其中提高蒸腾水的利用效率是很重要的研究领域。近年来，培育的矮秆作物品种有效地提高了经济产量与生物产量的比值，因而在蒸腾无明显变化的情况下显著提高了作物的水分利用率和产量。另外作物的水分利用效率是一个可遗传性状，它给高水分利用率育种工作带来了希望。此外，促进根系扩展吸收土壤深层水分的栽培措施也有利于

提高水分利用效率。

（四）加强农业水分管理，防治水体污染

在农业用水的管理方面，主要有以下几个方面需要加强：①合理施肥和灌溉，防止土壤养分（特别是氮、磷、钾和重金属等）的流失及其对环境的污染；②规范固体废弃物的管理和监督，对固体废弃物要进行无害化和资源化处理后方可使用；③合理使用污水灌溉和盐水灌溉。一般来讲，用于农田灌溉的污水必须经过必要的处理才能使用。

（五）加强全流域的水资源保护

随着人口增长和经济发展，对水资源的需求量将越来越大。河流是人类最主要的淡水资源，由于其分布不均，许多国家因国际河流的用水问题不断发生纠纷，甚至引起武装冲突。在我国一些大江大河流域内，由于大量植被和湖泊湿地等被破坏和丧失，导致较为严重的水土流失和江河防洪调蓄功能下降。因此，加强对河流特别是大江大河全流域的水资源保护和统一调度是十分必要的，这也是对水分进行宏观管理和调控的一项重要内容。

在我国近些年的节水农业发展过程中，水分利用效率与灌溉水利用系数一起被设定为重要指标，用于评价一个地区农业水资源的管理、利用水平和节水农业技术措施的实施效果。水分利用效率的广泛应用，为农业水资源利用效果的系统评价以及不同区域发展水平的横向比较提供了一个客观、量化的依据。

第三节　碳循环及其平衡

碳是仅次于水对生物和生态系统具有重要意义的物质，并占生物体质量的49%。碳分子所形成一个长长的碳链具有独一无二的特性，而各种复杂的有机分子（蛋白质、磷脂、糖类和核酸等）均以此碳链为骨架。同生物的其他构成元素一样，碳不仅构成生命物质，同时也构成各种非生命化合物。碳的存在形式常随所在库不同而不同，如在岩石圈中碳主要以碳酸盐的形式存在，在大气圈中以 CO_2、甲烷等的形式存在，在水圈中以多种形式存在，而在生物圈库中则以几百种生命代谢过程中产生的有机物而存在。这些物质的存在形式受到各种因素的调节。

一、全球碳循环中的碳库

碳循环的基本路线是从大气储存库到生物圈中的动植物，再从动植物通向分解者，在分解者的作用下碳又主要以 CO_2 的形式回到大气中去。大气圈是碳的活动储存库，大气中 CO_2 是含碳的主要气体，也是碳参与循环的主要形式。植物通过光合作用，将大气中的 CO_2 固定在有机物中，包括糖类、脂肪和蛋白质，储存于植物体内。食草动物吃了植物以后经消化合成，通过一个个营养级，再消化再合成。在这个过程中，部分碳又通过呼吸作用回到大气中，另一部分成为动物体的组分；动物排泄物和动植物残体中的碳，则由微生物分解为 CO_2，再回到大气中。

碳循环的第一个线路是在大气圈和陆地生态系统之间流动。以全年和全球来计算，植物在光合作用的过程中从大气中摄取碳的速率与动物、植物和微生物通过呼吸和分解作用而把碳释放给大气的速率大体相等。森林是碳的主要吸收者和主要储存库，每年约可吸收

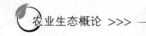

$3.6×10^9$ t 碳，是其他类型植被吸收碳量的两倍，其碳储量约为 $4.82×10^{11}$ 碳，这相当于目前地球大气含碳量的 2/3。

碳循环的第二个线路是在大气圈和水圈之间流动。海洋是全球碳的另一个更为重要的储存库，它的含碳量是大气含碳量的 50 倍，海洋对于调节大气中的含碳量起着非常重要的作用。碳循环的第三个线路是在大气圈、岩石圈和水圈之间移动。地球上最大的碳储存库是岩石圈，而含碳岩石（主要是碳酸盐岩）主要是在水圈（主要是海洋）里形成的。

二、中国土壤碳的储量和分布

（一）中国土壤碳储量

土壤既是释放 CO_2 的主要碳源，同时其巨大的碳容量和天然固碳作用又是减缓碳释放的有效途径之一。土壤碳储量与土地的肥力状况、大气温室效应和全球变化密切相关。因此，土壤碳库问题一直是碳循环与全球变化研究的焦点问题。土壤碳库是陆地碳库的重要组成部分，包括土壤有机碳与无机碳（碳酸盐碳）。土壤无机碳库主要指土壤风化过程中形成的发生性碳酸盐矿物态碳，很少变动，因此对碳循环的意义不大。而土壤有机碳主要分布于上层 1m 深度以内，处于大气圈、水圈、岩石圈和生物圈交汇的地带，对碳循环有重要影响。

从 1999 年开始，中国地质调查局采用双层网格化土壤测量方法，在全国多目标区域首次进行的系统地球化学调查，获得了我国表层和深层土壤中包括有机碳、全碳在内的 54 种元素的海量高精度数据。至 2008 年已完成调查面积 160 万 km²，基本覆盖我国平原盆地、湖泊湿地、近海滩涂、低山丘陵及黄土高原等地区。调查表明，以单位土壤碳量的概念和计算方法推算，全国平均土壤有机碳储量为 15 339.2t/km²，为全球碳循环研究提供精确的基础数据。同时，我国科研人员采用单位土壤碳量方法，按照不同地区及不同土壤类型、土地利用方式、生态系统、地貌类型与成土母质等进行土壤碳储量计算及分布特征研究，首次取得了我国土壤碳储量精确、系统和丰富的数据。按照土壤平均有机碳储量（0～180cm）由高至低依次为四川盆地 24 813t/km²、湖南洞庭湖平原 18 171t/km²、吉林平原 14 473t/km²、江苏省 13 802t/km²、陕西渭河平原 12 124t/km²、河北平原 10 525t/km²。从该统计数据可以看出，我国土壤有机碳储量总体分布不均匀，差异性显著。

（二）中国土壤碳分布

除总体分布不均匀以外，我国土壤有机碳密度分布也很不均匀。第一，总体来看，我国土壤有机碳密度最低的地区是准噶尔盆地、塔里木盆地、阿拉善高原与河西走廊、柴达木盆地等沙漠化地区；第二，仅次于以上地区的是黄土高原、昆仑山地、藏北高原、华北地区和华中地区，其中华北地区的有机碳密度变化幅度明显小于华中地区；第三，华南地区的土壤有机碳密度较高且分布较均匀；第四，土壤有机碳密度最高的地区是东北地区和青藏高原的藏东川西区、藏南、祁连山与阿尔金山、喜马拉雅南坡、云贵高原以及西北地区的阿尔泰山与附近山地和天山山地。

此外，由于受气候和植被的影响，我国土壤有机碳密度也具有地带性分布特征。我国北方（北纬 40°～45°）沿准噶尔盆地—马鬃山—阿拉善高原—内蒙古高原—东北平原—长白山脉一线，100cm 土壤有机碳密度自西向东，由 $0\sim 2kg/m^2$ 增加到 $10\sim 20kg/m^2$，20cm 土壤有机碳密度由 $0\sim 1kg/m^2$ 增加到 $5\sim 10kg/m^2$。这些地区位于中温带，降水量、植被类型和土壤性质自西向东的年降水量由 $100\sim 200mm$ 逐渐增加到 $600\sim 1\,000mm$，植被类型由干旱区（半荒漠、荒漠带）、极端干旱区（荒漠、裸露荒漠带）过渡到半干旱区（草原带）、半湿润区（森林草原带）、湿润区（针叶落叶阔叶林带），土壤由漠土、棕钙土、栗钙土逐渐过渡到黑钙土、黑土、灰色森林土、暗棕壤土。

中国东部自东北到华南，沿大兴安岭—长白山脉—华北平原—黄土高原—秦岭—大巴山脉—江南丘陵—南岭—雷州半岛—海南岛一线，大兴安岭土壤有机碳密度最高，100cm 有机碳密度为 $10\sim 20kg/m^2$，其次是华北平原，华南地区的有机碳密度为 $8\sim 10kg/m^2$，黄土高原的土壤有机碳密度最低。这与该线的降水量与温度有关。

我国从东北至华南，植被由寒温带落叶针叶林带、温带针阔叶混交林带、暖温带落叶阔叶林带过渡到过渡性亚热带含针叶树的落叶阔叶林带、亚热带常绿阔叶林带、过渡性热带雨林型阔叶林带、热带季雨林、雨林带；年降水量和 $\geq 10℃$ 年积温逐渐增加，分别由 $500mm$、$1\,100\sim 1\,700℃$ 增加到 $1\,000\sim 2\,000mm$、$8\,000\sim 9\,000℃$；土壤由棕色针叶林土、暗棕壤、棕壤逐渐过渡到黄棕壤与黄褐土、黄壤、红壤、赤红壤、砖红壤。增加的降水有利于植被生长和有机质积累，不利于有机质分解，而升高的温度则促进有机质的分解。同时，华中和华北地区人口较为密集，土地利用程度高，人类活动强烈的干扰作用可能是导致这两个地区土壤有机碳密度变化幅度较大的重要原因之一。总体而言，增加的降水量和较低的气温有利于土壤的有机碳密度增加，人类活动对有机碳密度有重大影响。

三、土壤中有机碳的分解及其控制因子

（一）农业生态系统中的碳循环

农业用地由自然森林、草原等开垦而来，开垦自然土壤并进行农业利用后，土壤的有机碳含量将发生急剧的变化。对于有机碳含量较高的土壤，开垦后一般均表现为土壤有机碳含量下降，最后稳定在一定范围。总体上，人类对自然土壤的农业利用已经极大地减少了全球土壤的有机碳储量。

农业生态系统中碳循环包括以下几个过程。①碳素通过作物的光合作用从大气流向作物。②碳素自作物流向土壤。作物生长期间，土壤中的有机质经微生物分解转化，释放出各种营养成分而被作物吸收，同时作物亦向土壤系统输入一定量的有机碳。作物向土壤输入有机碳有两种方式，一是作物生长期间的凋落部分及收获后归还的秸秆部分与根茬部分，二是作物生长期间根系释放的有机物质，包括根系的分泌物与脱落物等。③碳素沿食物链向家禽家畜和人体流动，然后由人畜粪便及遗体等重新进入环境。④土壤向大气排放。土壤中的有机质经微生物和土壤动物分解利用，并向大气释放，这就是土壤的呼吸作用。由于微生物分解有机质的呼吸同植物根系自身呼吸二者不易分开测定，所以一般土壤呼吸包含了这两个方面，统称为土壤总呼吸。⑤土壤向大气排放甲烷。⑥人为施入土壤中的碳量，主要包括有机肥和化肥（尿素）中的碳量。⑦作物收获移出农业生态系统的碳量。一般而言，在常规收割方式下，除籽粒以外，89％左右的秸秆随收获而移出农业生态系统，这部分移出的碳量经微生物的消化分解最终以 CO_2 的形式返回大气。在机械化收

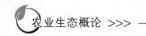

割方式下，90％左右的秸秆留在田间，其中一部分有机碳进入土壤，也有一部分秸秆可能因被烧掉而以 CO_2 的形式释放到大气中。

（二）人类活动对碳循环的干扰及全球变化对农业生产的可能影响

全球气候变化对农业生产的影响大致可分为两个方面：一是由 CO_2 的浓度上升造成的影响；二是气候变化（主要表现为气候变暖）造成的影响。对于前者，由于 CO_2 浓度的上升促进光合作用，抑制呼吸作用，并提高植物的水分利用率，因此可能将导致作物产量的提高。对于后者，气候变暖对农业生产的影响可能以负面为主：海平面升高、湖泊水位下降及面积萎缩，土壤含水量不足，杂草生长更加旺盛，病虫害发生率提高，微生物活性提高，土壤肥力下降更快，有机质降解加快，土壤侵蚀加强，旱涝灾害等。从宏观角度看，气候变化使未来农业生产的不稳定性增加，雨涝、干旱和高温等气象灾害发生的概率大幅增加，使产量波动大。农业病虫害发生将更加频繁和猖獗，农业生产条件变化，生产成本和投资大幅增加。农业生产布局和结构将出现变动。同时，气温升高、降水增加、气候变暖对农业生产也可能产生有利的影响，例如可以使水稻、玉米等喜热高产作物种植地域向北推移，低温冻害将会减轻。

农田土壤有机碳储量不仅受生物气候因素的影响，而且在很大程度上受人类对土壤的农业利用和管理方式的影响。根据 Houghton（1999）的估计，从 1850—1990 年，土壤利用方式的改变对大气贡献了 124Mt 碳，接近矿质燃料燃烧排放 CO_2 中碳的一半。此期间，森林开垦成为农田，释放出约 105Mt 碳到大气。因此，改善农田土壤的利用和管理方式，具有缓解大气 CO_2 浓度升高的作用。

第四节　农田生态系统养分循环及其利用效率

养分循环是陆地生态系统中维持生物生命周期的必要条件，它是指生态系统中那些生命必需元素和无机化合物在人类调节控制和影响下的循环过程。20 世纪 60 年代以来对世界不同类型的陆地、海洋、淡水和农田生态系统物质循环的研究，主要集中于查明多种生命必需的矿物元素动态，养分循环一词被更多地称为矿质元素循环或矿质循环，而不用于碳、氧、水等一些生命必需的非矿质元素或化合物循环。国内外一直围绕农田生态系统的可持续性，研究农田生态系统中养分元素循环机制，农田生态系统界面碳、氮、磷、硫迁移过程和通量及控制因素，评价这些迁移过程对农田生态系统和环境质量的影响。

一、农田生态系统类型

农田生态系统由农田内的生物群落和光、CO_2、水、土壤、无机养分等非生物要素所构成，是在以作物为中心的农田中，生物群落与其生态环境间在能量和物质交换及其相互作用上所构成的一种生态系统，是农业生态系统中的一个主要亚系统。

农田生态系统是人工建立的生态系统，其主要特点是人的作用非常关键，人们种植的各种农作物是这一生态系统的主要成员。与陆地自然生态系统相比，系统中的生物群落结构较简单，优势群落往往只有一种或数种作物；伴生生物为杂草、昆虫、土壤微生物、鼠、鸟及少量其他小动物；大部分经济产品随收获而移出系统，留给残渣食物链的较少；

养分循环主要靠系统外投入而保持平衡。农田生态系统的稳定有赖于一系列耕作栽培措施的人工养地，在相似的自然条件下，土地生产力远高于自然生态系统。然而，一旦人的作用消失，农田生态系统就会很快退化；占优势地位的作物也会被杂草和其他植物所取代。

按照农田类型，我们将农田生态系统分为水田生态系统和旱地生态系统两种。

水田生态系统。我国水田以水稻为主，还有少量水生蔬菜，包括莲藕、菱、芡实、荸荠、茭白、芋头等，以及其他水生作物田，占全国农田总面积的 26.3%。当前水田重点分布在长江流域及其以南地区。按照种植方式，我国水田生态系统又可分为长江及其以南地区的双季稻区，黄河流域及其以北的北方单季稻区。其中，前者包括华南双季稻区、华中双季稻区、西南高原单双季稻区，后者又细分为华北单季稻区、东北早熟单季稻区和西北单季稻区。

旱地生态系统。我国旱地总面积约 7 580 万 hm^2，占全国农田总面积的 73.7%。主要集中分布在黄河流域及其以北地区和四川省，南方其他各省旱地面积加起来只占全国旱地总面积的 20%左右。按照地理气候条件的多样性，我国旱地可分为以下九个区域：东北区、内蒙古和长城沿线区、黄淮海区、黄土高原区、长江中下游区、西南区、华南区、甘新区和青藏区。与水田生态系统相比，旱地作物种类较为繁多，共约 600 余种，包括谷物 30 多种，蔬菜 209 种，牧草饲料作物 425 种，其他作物几十种。

二、农田生态系统养分循环和平衡的时空变化规律

农田生态系统是为了获取农产品而人工建立起来的生态系统。农田生态系统养分循环和平衡是影响生产力和环境的重要过程，这也一直是农业、生态和环境科学研究中的核心问题。农田养分循环主要研究 16 种作物必需养分元素中的氮、磷、钾、钙、镁、硫、铁、锰、锌、铜、硼、钼、氯，这些元素是大多数植物必需的，而且主要从土壤中获取。

农田生态系统是一种人为控制的生态系统，人为管理（施肥、灌溉、施用农药、土地利用方式改变等）和气候环境因素共同影响了农田生态系统组成及其功能和过程的变化，这些变化过程和相互作用存在时间和空间的效应。在多年频繁的耕作、施肥、灌溉、种植与收获作物等人为措施的影响下，农田生态系统形成了不同于原有自然生态系统的养分循环和平衡特点及其时空变化规律。主要表现在以下几方面。

（一）农田生态系统有较高的养分输出率与输入率

这是指随着作物收获及产品出售，大部分养分被带到农田生态系统之外；同时，作为补偿，又有大量养分以肥料、饲料、种苗等形态被带回系统，使整个养分循环的开放程度较自然系统大为提高。

（二）农田生态系统内部养分的库存量较低，但流量大，周转快

自然生态系统的地表有较稳定的枯枝落叶层和土壤有机质的积累，形成了较大的有机养分库，并在库存大体平衡的条件下，缓缓释放出有效态养分供植物吸收利用。农田生态系统在耕种条件下，有机养分库加速分解与消耗，库存量较自然生态系统大为减少，而分解加快，形成了较大的有效养分库，植物吸收量加大，整个土壤养分周转加快。

（三）农田生态系统的养分保持能力弱，容易造成流失

农田生态系统有机库小，分解旺盛，有效态养分投入量多。同时，生物结构较自然系

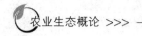
统大大简化，植物及地面有机物覆盖不充分，这些都使得大量有效养分不能在系统内部及时吸收利用，而易于随水流失。

（四）农田生态系统养分供求容易产生不同步

自然生态系统养分有效化过程的强度随季节的温度、湿度变化而变化，自然植被对养分的需求与吸收也适应这种季节的变化，形成了供求同步协调的自然机制。农田生态系统的养分供求关系是受人为的种植、耕作、施肥、灌溉等措施影响的，供求的同步性差，这是导致病虫害、作物倒伏、养分流失、高投低效的重要原因。

三、不同种植制度对农田养分循环的影响

（一）轮作、连作对土壤养分循环的影响

轮作和连作是常见的作物种植制度。梁斌等人以黄土高原南部半湿润易旱区为研究对象进行的 17 年田间定位试验，发现与一年一熟的小麦—休闲种植制度相比，一年两熟小麦—玉米轮作提高了 0～10cm 土层微生物量碳、氮、有机碳、全氮和土壤可溶性有机碳、氮的含量，而对 10～20cm 土层的上述测定指标影响不大。可见增加种植强度不仅可以提高土壤有机质含量，还可以提高有机质中较为活跃的组分微生物量碳、氮及可溶性碳、氮的含量。刘恩科等人通过应用化学分析和变性梯度凝胶电泳技术研究发现，小麦—玉米→小麦—大豆复种轮作下的土壤微生物量碳、氮含量均高于冬小麦—夏玉米复种连作。张翔等人通过对烟田轮作与连作对比得出，连作导致土壤有机质下降，但是土壤速效钾、氮和磷的含量却增加。申小冉等对 34 个国家级更低质量监测点连续检测 20 年后发现，稻—稻连作土壤表层有机碳含量始终高于稻—麦轮作，而稻—麦轮作的土壤表层有机碳是玉米连作或是小麦—玉米轮作的 1.5 倍。因此，就不同种植制度对土壤有机碳、氮含量的影响而言，一般多熟高于一熟、轮作高于连作。

（二）间混套作对土壤养分的影响

间混套作是我国传统农业精耕细作、传统精准农业技术之一。间混套作系统中作物对养分的利用既存在互惠关系又存在相互竞争关系。这种作物间的竞争关系不仅可以较好地提高作物对光热水肥等资源的利用效率，还会影响土壤养分含量。

张福锁等（2009）对蚕豆和玉米的间混套作实验表明，由于蚕豆比玉米的分泌能力强，可以显著酸化根际，活化难溶性土壤磷，从而增强玉米对磷的吸收利用。王瑛等对麦—棉套作系统的研究表明，小麦根系分泌物等对于棉花根区土壤全氮、有效磷和速效钾的增加有显著促进作用。

因此，无论是轮作、连作、间作，还是套作，由于不同作物的地上残余物、根系和根系分泌物或是不同植物的种间互补效应，较为复杂的种植制度总是有益于土壤养分的累积。

第五节　农业生态系统物质循环与环境污染控制

随着人口增长、科技进步与生产发展，人类对自然资源的利用达到了前所未有的规模，出现了森林资源的过度开产、水土流失、土地退化、淡水资源耗竭、土壤自然肥力下

降等现象。同时，大量开采和燃烧化石燃料，无节制地排放工农业生产和城乡生活废弃物，以及人工合成的有毒有害化学物质，使这些物质大量进入环境和食物链，使作为地球生命支持系统重要功能的生物地球化学循环，受到了严重影响。资源环境问题的实质，是人类活动引起的物质循环失调，物质流动速度异常与时空分布不均导致了生态破坏。忽视生物地球化学循环的宏观关系以及水土生物资源对循环的调节作用，是资源环境问题日益严重的重要原因。资源的再生与增值，环境的净化与改善，是生物圈持续发展的必要条件，也是完好的生物地球化学循环应具有的生态功能和调节目标。

一、有毒（有害）物质的生态循环与污染控制

有毒有害物质是指进入生态系统之后对自然生物种群以及人类健康有毒害作用的物质。这些物质可能是无机物，主要指重金属、氟化物和氰化物等，也可能是有机物质，主要有酚类、有机氯杀虫剂等。大多数有毒有害物质是人类社会生产和生活过程中所产生的副产物，如工业"三废"、农药化肥等，有些有毒有害物质是来源于自然环境的变化，如火山喷发。这些物质的出现和存在，使环境发生了不利于生物生存的变化，形成了环境污染，所以也把它们称为环境污染物。

当这些污染物进入到农业生态系统中，农业生态系统中物质循环不畅、流动速度异常与时空分布不均时，污染物的残留量超过农业环境本身的自净能力，便会导致农业生态系统环境质量下降，破坏农业生态系统，最终结果是使农、林、牧、渔产品的数量和质量下降，甚至引起公害。研发新技术、加强科学管理、防治和控制农业环境污染是农业可持续发展需要进行的一项重要任务。

二、碳排放与大气质量控制

（一）碳排放

温室效应是指透射阳光的密闭空间由于与外界缺乏热交换而形成的保温效应。在涉及全球变化的时候，温室效应特指由于太阳短波辐射可以透过大气射入地面，而地面增暖后放出的长波辐射却被大气中的二氧化碳等物质所吸收，从而产生大气变暖的效应。温室效应的最主要后果是极地冰的融化和全球变暖。如果南极的冰全部融化，海平面将上升到120m，世界上大多数沿海陆地将沉没海底，给生命造成威胁。但也有人认为，人类的生产活动，既在大气中积存 CO_2，同时也增加空气中的尘埃，而空气中的灰尘能阻止光线通过大气层，减少到达地面的太阳辐射能，从而降低地球的温度。

（二）大气质量控制

大气质量控制按用途可以分为环境空气质量标准、大气污染物排放标准、大气污染控制技术标准。

环境空气质量标准是在限定的时间内对环境空气中各种污染物的最高允许质量浓度给予的规定，是为实现国家环境政策要求而确定的环境质量目标，也是评价环境空气质量的依据。我国使用多年的 GB 3095—1996《环境空气质量标准》是 1982 年颁布实施并于1996 年和 2000 年进行了修订和修改。根据不同地区的情况分为三级标准，一、二、三类区分别执行一、二、三级标准。随着中国社会经济的迅猛发展，人民生活水平提高，对环

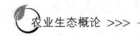

境空气质量的要求也相应提高，因此，中国环境保护部于 2012 年 6 月 29 日批准了新的 GB 3095—2012《环境空气质量标准》，并于 2012 年起在京津冀、长三角、珠三角等重点区域以及直辖市和省会城市分期实施，最终于 2016 年 1 月 1 日起在全国范围内实施，在此次修订中首次将 PM2.5 作为主要控制项目列入。

1. 大气污染物排放标准　大气污染物排放标准是为了控制污染物的排放量，使空气质量达到环境质量标准，对排入大气中的污染物数量或浓度所规定的限制标准。本标准规定了 33 种大气污染物的排放限值，其指标体系为最高允许排放浓度、最高允许排放速率和无组织排放监控浓度限值。

按污染源所在的环境空气质量功能区类别，执行相应级别的排放速率标准，即：位于一类区的污染源执行一级标准（一类区禁止新、扩建污染源，一类区现有污染源改建时执行现有污染源的一级标准）；位于二类区的污染源执行二级标准；位于三类区的污染源执行三级标准。

2. 大气污染控制技术标准　大气污染控制技术标准是根据污染物排放标准引申出来的辅助标准，是为保证达到污染物排放标准而从某一方面做出的具体技术规定，目的是使生产、设计和管理人员容易掌握和执行，如燃料、原料使用标准，净化装置选用标准，排气囱高度标准及卫生防护距离标准等。

三、氮素循环与环境质量控制

（一）全球氮循环

氮是构成生物蛋白质、核酸的主要元素，因此，是一切生命结构的原料。虽然大气化学成分中氮的含量高达 79%，但它以氮气的形式存在，作为一种性质稳定的惰性气体，绝大多数绿色植物不能直接利用。因此，大气中的氮（氮气）对生态系统来讲，不是决定性库，必须通过固氮作用将游离氮与氧结合成为硝酸盐或亚硝酸盐，或与氢结合成氨，才能为大部分生物所利用，参与蛋白质的合成。因此，氮被固定后才能进入生态系统，参与循环。氮的生物地球化学循环过程非常复杂，其循环性能极为完善；涉及的生物类群最多，特别是在循环的很多环节上，还有特定的微生物参与。

氮循环的基本路线：一些具有固氮能力的微生物（细菌和藻类）将大气圈储存库中的氮固定为无机氮（NH_4^+、NO_2^- 和 NO_3^-），并转移到土壤中而被绿色植物吸收。之后，在生产者，消费者和分解者的同化过程中，将无机形式氮合成蛋白质、核酸以及其他复杂分子的有机氮形式。经过捕食摄取，氮进入到动物体内，在动物代谢过程中，一部分蛋白质分解为含氮的排泄物（尿素、尿酸），经过细菌的作用，分解释放出氮。另一部分则和动植物死亡之后的残体一起再被微生物等分解者所分解，使有机态氮转化为无机态氮，形成硝酸盐。硝酸盐可再为植物所利用，继续参与循环。最后通过反硝化细菌的脱氨作用，成为气态氮返回大气圈，而完成其循环。

（二）农业生态系统中的氮素循环

农业生态系统中氮素来源主要有两条途径。①生物固氮。即通过豆科作物和其他固氮生物固定空气中的氮。②化学固氮。即通过化工厂将空气中的氮合成氨，再进一步制成各种氮肥。此外，还有少量氮在空中被闪电氧化成硝酸，随降雨而进入土壤中。生物每年的固氮量为100～200kg/hm²，大约占地球一年固氮总量的90％。因此，从增加农业中氮素来看，应当积极种植豆科作物，培育其他固氮生物，努力增产并合理施用化学氮肥，这样才能更好地满足农业增产对氮素的需要。

含氮有机物的转化和分解过程主要包括氨化作用、硝化作用和反硝化作用。氨化作用：在氨化细菌和真菌的作用下，将有机氨（氨基酸和核酸）分解成为氨与氨化合物，氨溶水即成为 NH_4^+，可为植物所间接利用。硝化作用：在通气情况良好的土壤中，氨化合物被亚硝酸盐细菌和硝酸盐细菌氧化为亚硝酸盐和硝酸盐，供植物吸收利用。土壤中还有一部分硝酸盐变为腐殖质的成分，或被雨水冲洗掉，然后经径流到达湖泊和河流，最后到达海洋，为水生生物所利用。海洋中还有相当数量的氨沉积于深海而暂时离开循环。反硝化作用：也称脱氮作用，反硝化细菌将亚硝酸盐转变成气态氮，回到大气库中。因此，在自然生态系统中，一方面通过各种固氮作用使氮素进入物质循环，另一方面通过反硝化作用、淋溶沉积等作用使氮素不断重返大气，从而使氮的循环处于一种平衡状态。

氮素的损失主要有三个方面：①挥发损失，即由于有机质的燃烧分解或其他原因导致氨的挥发损失；②氮的淋失，主要是硝态氮由于雨水或灌溉水淋洗而损失；③在水田中或土壤通气不良时，硝态氮受反硝化作用而变成游离氮，导致氮素损失。

（三）氮循环的环境问题和农田氮素管理

氮循环涉及许多自我调节机制、反馈机制和对能量的依赖性，而每一个过程都伴随着能量的消耗或释放。随着工业固氮量的迅速增长，如果反硝化作用的增加速度跟不上的话，那么任何已经达到的平衡都有可能受到影响而失去平衡。

人类活动对氮循环的干扰还主要表现在：含氮有机物的燃烧产生大量氮氧化合物污染大气；过度耕垦使土壤氮素肥力（有机氮）下降；发展工业固氮，忽视或抑制生物固氮，造成氮素局部富集和氮素循环失调；城市化和集约化农牧业使人畜废弃物的自然再循环受阻。其中，人类的农业活动对氮循环的影响主要是不合理的作物耕作方式以及氮肥施用而引起的氮素流失与亏损。

从合理利用氮素和能源的角度来考虑，以作物秸秆当燃料是不经济的，它使已经固定的氮素挥发损失。把作物秸秆转化为饲料、沼气池原料以及沼气发酵后的残余物再肥料化利用等都是合理利用作物秸秆的有效方法。对化学氮肥利用来看，要尽量减少氮素挥发和流失，提高氮肥利用率。我国氮肥的利用率一般为25％～55％。这就是说，有45％～75％的氮素没有被作物吸收利用，造成很大浪费。因此，弄清楚氮在土壤中的转化规律，防止氮素损失、提高肥效，是合理利用氮肥的基本前提。

大量未被利用的氮排入河流、湖泊和海洋，引起水域生态系统发生一系列变化，造成水体富营养化污染。控制水体富营养化进程的措施，不仅仅主要局限在尽量减少含氮、磷的各种废水直接排入水体，也要注意农田过量施肥造成未利用氮肥、磷肥等对水体的污染。农作物从土壤中吸收过量的氮素后，易引起各种病虫害，并影响作物的品质。作物和蔬菜中硝酸盐的积累可通过食物链进入人体和牲畜体内，进而形成亚硝酸盐，亚硝酸盐在机体内与仲胺结合形成的亚硝酸胺，是一种致癌、致突变、致畸形物质，严重危害人畜健康。同时，人类的工农业活动干扰了生态系统中氮素的自然循环过程，如含氮有机物的燃

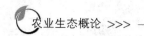

烧、反硝化作用等，导致大量气态氮化物（其化学通式为 N_xO_y，包括 NO、NO_2、N_2O、N_2O_5 等）产生和释放，破坏臭氧层，形成酸雨，造成大气污染和全球变暖等环境问题，进而对生物生存产生不利影响。

因此，在农业上加强氮素的管理和调控是十分必要的。农田氮素控制的途径有以下几个方面：①改进氮肥施用技术，包括分次施肥、氮肥深施、施用缓效氮肥；②平衡施肥与测土施肥，不同的氮肥类型和施肥水平对氮肥的流失有一定影响，农田中过度施氮肥往往导致高的 N_2O 排放；③根据农业中氮素循环的特点，既要尽量增加氮的积累，又要尽量减少氮的损失；④合理灌溉；⑤做好水土保持工作，防止水土流失和土壤侵蚀。

四、其他人工化学品投入产生的问题与环境污染控制

（一）化学农药污染与控制

化学农药是用极少的量就可以把病、虫、草等有害生物毒死，实现控制、消灭农业生态系统有害生物群体的化学药品。扩散、残留是使用化学农药不可避免的问题。化学农药残留物随着大气和水的运动做长距离迁移，从一种环境介质扩散到另一种环境介质，并且可通过食物链扩大影响范围。由于化学结构、自然降解等方面的原因，化学农药会以各种形式残留于农作物和其他环境要素中，特别是一些高残留、难降解的农药种类。

农药通过各种途径进入大气，在大气中发生理化反应，使大气中有害物质发生各种转化。为防治害虫、病菌、杂草而喷洒的农药，有相当一部分会直接漂浮在大气中，或者从土表蒸发进入大气中。农药进入土壤后，与土壤中的物质发生一系列反应，残留于土壤中或在土壤中迁移，并被作物吸收，或者由于化学和生物降解作用，残留量逐渐减少。

农药残留可沿食物链转移，在食物链中高营养级生物体内富集，如捕食性鱼类、鸟类和野生动物，使高营养级生物繁殖率降低甚至直接死亡，以致种群数量减少；至于处于低营养级的动物，因残留量较少或种群数量较大而得以继续生存。因此，不合理使用农药会打破自然界生物的相互制约作用，从而破坏生态系统的自然平衡。如使农业次要害虫上升为主要害虫，以及害虫抗药性增强等。

因此，合理、有效和安全地使用农药对促进农业生产，保护生态环境至关重要。当前国内外为控制和减轻农药污染采取了一些措施。①采用综合防治措施，减少化学农药的使用量。例如引入天敌防治害虫、培育抗性品种等；研制和使用低毒、易降解农药，减少农药残留量；开发和应用生物农药。②加强农药安全知识的宣传，合理用药。普及农药、植保知识；注意用药的浓度与用量；采取提高药效的措施以降低用药量；提倡农药科学合理的混用。③制定安全用药的标准，切实按标准管理。如通过对作物、食品、自然环境中农药残留量的普查和农药对人、畜慢性毒害的研究，制定出各种农药的允许应用范围；了解农药在作物上的降解、残留、代谢动态，确定出各种农药在不同作物上施药的安全间隔期。

（二）化肥污染与控制

多年来，各国的农业生产实践已证明，施用的化肥能为作物提供养分，使作物产量增加，还能丰盈土壤养分的储备，提高有机质含量，改善土壤理化性质，增强土壤供肥能力，增加生态环境中养分的循环量，保持农业生态系统的物质平衡。增施化肥固然是增产

的物质基础和重要条件，但并非唯一的条件。单位面积产量也不可能随着肥料用量的增加而无限制地按比例增加。过量增施化学肥料，超过作物的需要和土壤的负荷能力，会使作物吸收量减少，肥料利用率降低，这不仅造成了肥料的浪费，影响作物的品质，而且污染了环境，给农业生态系统和人类健康带来危害。

1. 化肥与土壤性质 长期大量施用化肥而不配合施用有机肥料会使土壤理化性质变差。例如，长期施用氮肥会使土壤逐步酸化。随着土壤的酸化，土壤中的有机质迅速矿化分解，有机质含量大大减少，从而引起土壤板结，土壤结构遭到破坏，土壤理化性质变差，硝酸盐积累增加，土壤自净能力下降。

2. 化肥与重金属污染 磷肥及各种复合肥料含有一定量的重金属元素，如果长期大量使用，会对环境造成危害。例如，磷肥的主要原料是磷灰石的矿物，这种矿物含有多种微量元素及有毒重金属元素。据日本学者分析，砷在磷矿石中平均含量为 24mg/kg，而在过磷酸钙中为 104mg/kg，重过磷酸钙中为 273mg/kg。镉在磷肥中含量为 10～20mg/kg，按磷肥用量计算，长期用磷肥的土壤，镉的积累可能会严重超标。汞在肥料中含量在 0.5mg/kg 以下，由施肥引起的汞的积累问题极少。铅在磷肥中含量约为 17mg/kg，但植物对土壤中的铅吸收较少。

3. 化肥与水体富营养 氮和磷素营养含量的增加是水体富营养化现象发生的主要原因。大多数情况下，富营养化的主要限制因子是磷。磷在农业环境中的流失量虽然不大，但当水体中含氮量充分时，就可能引起水体富营养化现象发生。氮素对水体的主要补给途径是通过淋溶到地下水补给的，而磷素则主要通过地表径流、水土流失补给。因此，可以说，地表径流造成的磷流失是水体富营养化的主要原因之一。

4. 化肥与硝酸盐污染 植物通过根部从土壤吸收的氮素大部分为硝态氮，一部分为铵态氮。除水稻外，大多数植物吸收的氮以硝态氮为主要形态。硝酸根离子进入植物体后迅速被同化利用，但如果过量施氮肥就会发生硝酸盐积累。硝酸盐积累的植物被动物食用后，则硝酸盐或由硝酸盐产生的亚硝酸盐会对动物造成危害，亚硝酸盐毒性远较硝酸盐大。动物少量摄入的硝态氮 90% 可从尿液中排出，若摄入过量可引起中毒。此外，亚硝酸与二级胺或三级胺反应生成的亚硝胺是公认的强致癌物质，已引起广泛重视。

化肥污染的控制措施如下。①控制施肥总量，实施平衡配套施肥。通过研究和实践，充分利用现有的配方施肥技术成果，通过生产和施用作物专用肥来调节不同营养元素的比例和数量，达到有机无机配合，氮素和其他元素合理配比，从而控制施肥总量，减少肥料损失和对农业生态环境的污染，提高肥料的利用率。②增加化肥科技含量，改进施肥方法。一般化肥都是速效性的，存在着肥料施用量与作物需求量不匹配的矛盾。因此将速效性化肥与缓效或控释肥料配合施用，使有效养分缓慢释放出来与作物需求相一致；或采取化肥深施将化肥定量地施入地表以下作物根系密集部位，使养分能够被作物充分吸收，减少养分淋溶、反硝化等损失，从而减少对环境的污染。③养殖水生植物净化水体，综合利用。对于化肥流失引起的水体污染或是生活污水，都可以利用水浮莲、水葫芦等水生植物对氮、磷的吸收来净化水体。④对于已受污染的酸性土壤，可以施加石灰等改善，使重金属生成氢氧化物沉淀，以抑制其危害；也可以通过其他合理的方法来改善土壤的理化性状，降低重金属的活性。

（三）重金属污染与控制

汞、镉、砷、铬、铜等重金属污染已成为人类面临的严重环境问题之一。重金属迁移能力低，大部分残留在土壤耕层中，残留时间长，难以消除，易在生物体内富集，危害较大。例如，在一定的条件下，土壤中固定态的汞可释放出来，转变为易被作物吸收的可给态汞（固定态汞→可给态汞→植物吸收的汞）；土壤中汞经淋溶作用可以进入水体，水体中的汞也可通过灌溉进入土壤；土壤中汞化合物可被植物吸收后进入食物链；金属汞进入动物体内可以被甲基化。

汞在整个生态系统中的主要循环路径：大气→土壤→植物→人畜；废水→水生植物→水生动物→人畜；水→土壤→植物→人畜。人畜机体中的汞在残体腐烂分解后，又重新回到非生物系统。这些主要的循环途径彼此关联、相互影响。当汞进入生态系统中，由于生物的富集作用，食物链顶端生物体内的汞含量可能是水体中汞含量的上万倍，同时环境中特定的微生物转化为汞的有机化合物，如甲基汞，它是一种脂溶性的有机汞化物，比无机汞毒性高 50～100 倍，且更易被其他生物所吸收，且不易排泄掉，造成严重后果。

土壤重金属污染的调控与防治措施很多，主要包括以下几个方面：①发展清洁工艺，加强"三废"治理，是削减、控制和消除重金属污染的最有效措施；②严格执行污灌水质和污泥施用标准；③提高土壤的缓冲性能和自净能力；④加强土壤水分管理，调节土壤氧化还原电位，进而在一定程度上控制土壤中重金属的含量；⑤施用改良剂（如石灰、碳酸钙、磷酸盐、堆肥、鸡粪等），以降低重金属的活性，减少重金属向植物体内的迁移；⑥用客土、换土和水洗的方法来减轻重金属的危害，但要防治二次污染；⑦通过植物（如种植用材林、薪炭林、花卉等观赏植物以及生产纤维用的各种麻类作物等）吸收来减少土壤的重金属污染。

（四）畜禽粪便污染与控制

畜禽粪便中的主要成分是粗纤维及蛋白质、糖类和脂肪类物质。畜禽粪便中各种有机物、氮、磷，因其具有较高的生化需氧量（BOD）、化学需氧量（COD）、从而对水质造成严重的影响。污水中含有大量的有机物会造成水体的富营养化污染；粪便中含有大量的病原微生物、病毒和寄生虫，成为疾病的传染源。

畜禽粪便管理和处理不当，就会成为重要的环境污染源。但如经过无害化处理并加以合理利用，则可成为农业资源。

（五）新型污染物与控制

进入 21 世纪，随着新型产业的发展和人民生活方式的改变，出现了一些新型的环境污染物，包括：①多溴联苯醚（PBDEs）等溴化阻燃剂污染物；②药品（包括各类兽药和抗生素）和个人护理用品（PPCPs/PCPs）污染物；③全氟锌酸铵及芳香族磺酸类污染物（PFOS/PFOA）；④纳米污染物。

许多新型化合物被广泛地应用于各种工业、建筑、电子、纺织等领域，但是其对生态系统的安全性评价研究却一直滞后，一方面是由于本身新型化合物良好的工业性能导致过快地推广应用而安全性评价没有及时跟上，另一方面新型化合物在生态系统中的物质循环过程比较复杂，需要长期观察研究才能得出客观评价。

目前在地表水、污水、地下水和饮用水中发现 50 多种 PPCPs 物质，这些物质大多逃过了现有的水质标准控制。现有水处理技术对相当大的一部分 PPCPs 物质没有明显的去除效果。这些污染物随着生活污水处理后的排放和农业灌溉以及其他途径进入到农业生态系统中，产生了农业生态安全的新问题。

对 PBDEs 的研究已证实低溴类如 BDE - 99 等生物毒性明显，可能导致内分泌紊乱，具有神经行为毒性，且其某些同源物可能具有致癌性等效应。自 2007 年开始，美国及欧洲等国家和地区相继限制低溴化合物的生产及使用。而十溴联苯醚是 PBDEs 家族中含溴最高的一种化合物，因其价格低廉、性能优越、生物毒性不确定而被广泛使用。

根据相关研究，环境中的 PBDEs 不易分解，具高亲脂性，易于和颗粒物质结合，推测出 PBDEs 可通过食物链在生物体各组织器官中蓄积。研究发现，在食物链中 PBDE - 47 的生物富集作用很强，由低级生物鲱鱼体内大约 50ng/kg 上升到食物链中鱼鹰体内大约 1 900ng/kg，其浓度放大了近 40 倍。因此，即使进入环境中的 PBDEs 极其微量，生物放大作用也会使处于食物链中的高级生物受到危害。

PBDEs 为非共价结合到产品中，所以在它的生产、加工、运输过程中，很容易进入环境，在农业生态系统中，包括沉积物、鱼类、水生鸟类、哺乳动物在内都会受到影响。各种 PBDEs 的同源物被发现，且痕量级的 PBDEs 在离污染源很远的地方如北极也已被检测到，说明 PBDEs 污染已成为全球性问题。

第六章 | CHAPTER6
农业生态系统的信息传递

第一节　农业生态系统的信息传递概述

一、农业生态系统信息传递的作用

信息传递是生态系统的基本功能之一，也是生态系统调控的基础。各种信息在生态系统组分之间和组分内部的交换和流动称为生态系统的信息传递。通过信息传递使生态系统中的生物与环境及生物与生物间取得联系，并使生物在信息的作用下做出相应的响应及行为变化，从而使整个生态系统有条不紊地运转，并维持着生态平衡。

二、农业生态系统信息的特点

（一）多样性

生态系统中生物的种类成千上万，它们所包含的信息量非常庞杂。有来自植物、动物、微生物等不同类群的生物信息，如植物颜色的变化，鸟的叫声等。此外，亦有非生物信息，如水在液相、气相和固相不同状态之间的变化。动物的信息常可分为若干信息群，在同类中传递，如发现食物与遇到危险会发出不同的声音来传递信息。

（二）传递方向的双向性

农业生态系统信息的传递既不同于物质流的循环性，也不同于能量流动的单向性，而呈现出双向性，既有源到宿的信息流，也有宿到源的信息反馈流。这些信息把农业生态系统的各个部分联系起来协调成为一个统一的整体。

（三）普遍性

通信不但见于同种动物，也常存在于异种动物之间。如热带珊瑚礁中的某种小鱼可自由取食某种大鱼身上的寄生虫和口内的食物残渣，这种大鱼并不吞食这些"清洁鱼"。这种大鱼利用小鱼身上鲜明的条纹识别该种鱼。小鱼在做"清洁工作"前，常在大鱼面前游动并分泌一种化学物质，便于大鱼识别。

（四）复杂性

信源是信息产生的来源，信源的信息通过信道的传输和信宿的接收进行信息传递。一个信源可产生多种信息，且一种信息为多个信宿接收时，便形成了信息网。在自然生态系统中，信息以声、形、色、味、电、磁、压等形式在环境的气体、固体、液体等传输媒介中传递，并被别的生物个体通过视觉、触觉、味觉等感受系统接收，形成一个无形的信息网。

一般而言，信息传递以物质循环和能量流动为基础，伴随着能量和物质流动而进行。

如果没有物质循环和能量流动，信息传递就无从谈起。而物质循环和能量流动则是通过信息的流动和反馈而进行调控的，从而使农业生态系统得以正常运转。因此农业生态系统的信息流不是孤立的，而是和其他信息相互制约、相互依存而形成的统一整体。

（五）高效性

信息传递的高效性表现在信息的传播距离、传播速度等方面。如雌家蚕分泌的蚕蛾醇，只要有 $10^{-10}\mu g/mL$ 的浓度，就能引起雄家蚕的反应。雌舞毒蛾分泌的信息素可把远在 400m 以外的雄蛾吸引过来。

（六）特异性

信息通常只有特定个体可以接收、理解或做出应答。

第二节　农业生态系统信息传递的方式

农业生态系统中信息的传递将生态系统中的生物与生物、生物与环境联系在一起，通过信息的作用使生物产生相应的反应及行为变化，从而维持农业生态系统平衡。

一、与植物有关的信息传递

在各种不同类型的生态系统中，作为生产者的植物与其他生物成员及生存环境间有着密切的联系。生态系统中绿色植物通过从外部获得各种各样信息来维持自身生存；同时，植物亦会将一系列的信息向外部传递。在生物进化过程中植物发展成与环境和其他生物之间具有巧妙的联系，通过这些信号的传递对个体的生长发育、种群发展、群落空间结构及物种组成等进行调节。

（一）植物与环境间的信息传递

阳光是生态系统重要的生态因素之一，它发出的信息对各类生物都产生深远的影响。植物的形态建成受到阳光信息的控制。光的信息作用是极其重要的，植物只需接受很短时间的光，就能对其形态建成产生决定性作用。例如，只需将生长在黑暗条件下的马铃薯或豌豆幼苗每昼夜曝光 5～10min，便可获得正常形态的幼苗。

光信息对不同植物种子的作用是不一样的。例如，烟草和莴苣的种子在萌发时必须要有光信息，这种种子常称为需光种子。另外一类植物，如瓜类、茄子、番茄和苋菜种子的萌发，见光则受到抑制，这类种子称为嫌光种子。

除了光外，环境中的温度、湿度信息可以给生产者和消费者带来某些行为的改变，预示生存的适应度和某些生理过程的效率。如在草原上中午强光照射下，高温和失水导致禾草叶片卷曲，减少受光面积，从而进一步减少水分蒸腾的散失，提高了草原禾草的抗旱能力。

植物的生长发育受光信息的调节和控制。根据不同植物对光周期的反应和所收获经济器官的不同，人为的控制光周期从而使植物既早熟又高产，目前花卉上应用这种方法的很多，如要使菊花在夏天开花可通过短光照处理。在育种上不同光周期的植物，为了让其同一时间开花进行杂交，可通过光照处理来实现。作物产量的提高也可根据作物光周期的不同采取相应措施来实现，例如黄麻是短日照作物，可通过南种北移的

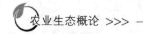

方法使其生长期延长，从而增加麻皮产量。在营养增加的前提下，可通过延长光照时间来提高鸡的产蛋率。

（二）植物间的信息传递

植物间的信息传递主要体现在化感作用方面，化感作用广泛存在于植物群落中，如群落的结构、演替、生物多样性和农作物产量均与化感作用有关，有的植物可形成单一植物种群落，而有些植物则喜欢与其他植物共生，并且相互间有明显的促进作用，例如大豆和玉米，马铃薯和菜豆，玫瑰和百合等。在农业生产中，间作、混作、套作、轮作的作物之间，作物和杂草之间，病原菌与寄主作物之间，都存在化感作用。化感作用研究在作物增产、森林抚育、杂草和病害的控制、复合群落的组配，以及新型除草剂、杀菌剂和植物生长调节剂应用等方面有着广阔的应用前景。很多植物的化感作用至少应该看作是保证该种生存和繁殖的重要手段之一。在农田里，很多杂草通过其根系分泌物和地上器官分泌物对其周围的作物能产生抑制作用。科学家们相继发现有 100 多种杂草对作物具有化感作用，如我国南方的胜红蓟、三叶鬼针草，北方的豚草、油蒿等。有些作物对杂草也有化感作用，如荞麦能强烈抑制葡萄冰草、看麦娘的生长，大麻能抑制许多杂草的生长。种植芝麻后能显著减少后作的杂草生长。某些品系的黄瓜可以释放一些化学物质，这些物质会使87%左右的杂草生长受到抑制，从而使其在生态系统中的优势得以维持。

还有另一种情况存在于寄生植物和寄主植物之间。寄生于甘蔗、玉米或棉花上的玄参科植物黄独脚金和寄生于向日葵、蚕豆、烟草等植物上的列当种子都很细小，种子成熟后借助风力扩散，但种子不是任何条件都能发芽的，种子的萌动、发芽只有在感受到寄主植物根部分泌物后才开始，在没有感受到寄主植物的这种信号前不能发芽，但种子发芽力不会丧失，在土壤中可保持 10 年。经分析确认，黄独脚金的这种信息物是独脚金酚——含有两个内酯的萜类化合物。浓度 1×10^{-6} mol/L 的独脚金酚就可以使黄独脚金 50% 的种子发芽。

（三）植物与微生物间的信息传递

水淋溶、根分泌、残体分解和气体挥发是高等植物化感物质主要的释放途径，这些释放到环境中的物质对邻近植物的生长发育产生影响。水淋溶、根分泌、残体分解三种途径都与土壤有密不可分的关系，所以，植物通过这三种途径分泌的化感物质必然会受到大量的土壤微生物的影响，如降解、转化等。植物原来分泌物质可被微生物降解成为没有化感活性的物质，也有可能原没有活性的物质经微生物转化后成为有活性的化感物质。植物产生的酚类物质会成为一些微生物的碳源。由土壤微生物产生的一些物质如抗生素、酚酸、脂肪酸、氨基酸等会对植物产生毒害作用，而这些物质及其产生的毒害作用会导致一些作物的土壤病害和连作障碍。

很多由植物体内产生的次生代谢物质对病原菌的侵染具有抵御作用。如燕麦抗纹枯病是因为体内可产生强荧光的五环三萜苷；洋葱能抗炭疽病是因为鳞茎外层鳞片能产生原儿茶酚酸；大麦幼苗根中含有大麦芽碱能抵抗麦根腐长蠕孢的侵染；羽扇豆属植物的叶内含有黄羽扇酮能抑制炭疽长孺孢的侵染；马铃薯在受到病原菌侵袭时，在染病区与健康组织之间出现一条鲜明的蓝色荧光环，环带中抗菌的酚类物质大大增加。

（四）植物与动物间的信息传递

植物体内的次生物质的数量远远比动物的要多，这是由于植物防御的需要，植物自身能进行光合作用合成有机物，合成次生物质的原料来源极为丰富；另外，植物体内有液泡和细胞壁这样特殊的结构，能将大量的次生物质储存在体内而不至于对自身造成危害，但却可以用于对付竞争者。

植物虽然不会走动，但是面对外来伤害决不会坐以待毙，它会采取多种行之有效的手段如形态、生理生化等方面的变化来抵抗。如有的植物会生长皮刺，能减少植食动物对其的食用。

植物每种次生物质都可能产生特定的信号，成为植物、昆虫间相互作用的纽带。例如金雀花中有毒的鹰爪豆碱含量随植物的生活周期而变动，金雀花蚜就以此为信息在春季时以嫩枝汁液为食，夏季就转移到花芽和果荚上去。

很多植物和动物在长期的进化中形成了相互依存、协同进化的关系，如动物在为被子植物授粉的过程获得食物，被子植物为动物提供食物的同时完成花粉的传递。在被子植物醒目鲜艳花色的诱导下，授粉者的辨别能力和采集手段得以发展形成。

二、社会信息的获取与传递

（一）农业生态系统中社会信息的获取

社会信息的获取与人类的各种农业生产活动密切相关。

1. 社会信息采集的原则　社会信息以多种方式普遍存在于我们的生活中，搜集社会信息时，应根据其普遍性、复杂性、可利用性、时效性等基本特征遵循以下原则进行：

（1）公正客观、持续采集、重视时效。采集社会信息过程中不能掺杂个人情感因素，竭力获得原始信息，做好持续不间断搜集、梳理分类、入库存档，及时淘汰过时信息，及时补充新社会信息地金雀花蚜就以此为信息。

（2）全面覆盖、重点突出、灵活采集。要定时、定向或全面地对农业生态系统中的各种要素进行采集，这些要素既是我们采集信息的对象，也是信息的主要提供者。要根据明确、重点的需要，既采集强相关信息，也采集弱相关信息，并提供灵活性、个性化的服务。

（3）周密计划、措施合理、渠道广泛。社会信息采集工作艰苦细致，同时还需要较多的人力、财务、物力和时间投入才能完成，因此计划一定要周密。计划要考虑采集的目的、方式、范围、人员、组织分工、经费预算、奖惩措施等，同时在计划中还要保留适当的调整余地。要有细致有力的保障措施，明确责任，采集过程要有反馈信息。要有广泛、稳定的采集渠道，采集队伍要常规化、训练有素。

（4）采集与整理、储存、利用相结合。采集信息是为了利用信息，因此，可充分利用现代技术手段实现信息地边搜集、边存储、边利用，从而达到效益、效率的最大化。信息采集从全面性考虑一般应坚持从宽入库、组织合理、标引科学、更新及时、利用积极，有机地将信息的时效性与文化传承性、历史厚重性、制度创新性和利用的现实性结合起来。

2. 社会信息的采集渠道　采集社会信息是一项复杂的工作。一方面，农业信息服务机构有义务提供有关信息；另一方面，这些信息需求体必须借助社会信息来为农业生态系

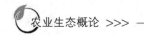

统的相关政府决策、公共服务、个人判断等提供帮助。

（1）文献采集。传统的文献采集是通过查找大量印刷文献如档案、工具书、研究资料、图书、信息简报等获得，整个过程具有较强的探究性。通过纸质文献来采集信息的主要途径有系统检索法、追溯检索法、浏览检索法等，采集到的信息一般都经过关翔实的论证和推理，具有较高的可靠性，但也存在着采集成本偏高和时效性较差的问题。相比纸质文献采集而言，利用数字文献资源如数据库等采集社会信息效率则要高得多，但不一定深入。

（2）社会调查。社会调查是直接从社会活动中通过观察、询问等方法获得社会信息。社会调查获得的农业相关信息是一次信息，因而与现实比较接近，是对文献采集的有效弥补。农户入户调查有时会发现与文献信息不一致的情况，实际上就反映了两种信息来源的差距。常见的社会调查方法包括问卷调查、访问调查、参与观察等。

（3）媒体采集。包括传统媒体和新媒体。通过报纸、广播和电视等传统媒体进行采集是一条重要的社会信息采集渠道，相对较为成熟。目前大众获得的绝大多数信息仍然来源于传统媒体。通过手机、网络、移动电视等新媒体进行采集是社会信息采集的一条新途径。

3. 社会信息采集中应注意的问题

（1）不应忽视社会信息的采集主体和服务对象。目前，网络的泛在特性很容易让人认为专门对社会信息进行采集是多余的，并认为社会信息的特定用户是不存在的。这是对社会信息的一个错误认识，实际上，社会信息的采集主体和服务对象是很明确的，两者间的角色还可以相互转化。

（2）注重信息内容的合法性、公信力和个性化。公正客观是社会信息采集的前提，要进行独立的判断和研究，不得伪造、篡改。合法性就是说要按照法定的程序调查、收集、审查、推广、利用社会信息，非法定途径获得的社会信息则不能作为决策和实践的凭据。同时，社会信息采集应根据用户的特殊问题和习惯偏好，有针对性地给出解决方案。

（3）传统社会信息采集与网络社会信息采集渠道相结合。社会信息的采集长期以来依赖传统的渠道，但这种传统渠道往往并不十分畅通，部分信息可能得不到真实地反映。通过网络社会信息采集与传统社会信息采集渠道相结合的方式能更快地获得社会信息，而且获得的信息也更真实。

（4）整合共享社会信息。这是一个信息利用率的问题，尤其对于生态的农业系统而言更需如此。社会信息如果没有整合共享都是一种浪费。通过建立健全信息应用管理长效机制，建设完善信息应用管理标准体系，打造社会信息资源综合应用平台，强化信息资源安全保障体系建设等，为全社会提供更高效的社会信息服务。

（二）农业生态系统中社会信息的传递

社会信息是通过某种符号系统实现传递，但如果信息传递中的这些符号因素不能被过分地强调，就会让信息传递失去独立功能，使信息传递的功能难以完全发挥。如文献信息，人类的创造是文献信息的内在源泉，其传递过程看上去像是文献增值，但实际上是信息增值。信息的共享性、可处理性、社会性、媒介性、可转化性等使它的传递成为可能，也正是通过传递而实现了社会信息的价值。

1. 信息的传递共享　社会信息资源与一般物质资源不同，它可以在农业生态系统中为大众所共享，共享特性则通常以信息的多方位传递来体现。例如，2011 年天宫一号和神舟八号的相继发射，为航天工程育种提供了丰富的试验环境和有力的技术支持。人们不仅可以通过电视图像了解神舟八号飞船升空的场面，还可以分享当时令人心潮澎湃的场景和充分利用宇宙力量促进农业发展的壮举。

2. 社会信息的传递推动社会发展　社会信息的传递是不断进行的，并推动着事物的发展。如关于新型城镇化的各项重要信息，会通过各种渠道传递到城市、乡村，最后家喻户晓、人人皆知。不论具体的传递方式如何，这种持续进行地信息传递都极为复杂。特别是一些超越时间与空间的重要信息传递。

3. 信息在传递中转化为生产力　提高工作效率和质量可以通过加快信息传递来实现，从而达到资金、人力和时间的节约。如中央提出大力发展现代农业，给农业生态系统中的各种对象都注入了新的信息。发展现代农业将会使农民得到各种各样的政策扶持，有利于保证农产品的卫生、安全。

第七章 | CHAPTER7

农业生态系统的生产力

第一节　农业生态系统生产力的概念

一、系统生产力

（一）生态系统的功能

要解释什么是系统生产力，首先需要明白生态系统的功能。著名生态学家E. P. Odum 最早对生态系统功能进行定义，其著作《生态学基础》中将生态系统功能定义为生态系统的不同生境、生物学及其系统性质或过程。该定义有两层含义。第一，生态系统功能即生态系统的过程或性质。Tirri 等（1998）认为过程是为达到一定的结果而发生的一系列事件、反应和作用。因此，生态系统过程就是指构成生态系统的生物及非生物因素为达到一定的结果（物质、能量和信息的传输）而发生的一系列复杂的相互作用。在这个意义上，生态系统因而具有了物质循环、能量流动和信息传递三大基本功能。第二，生态系统功能是生态系统本身所具备的一种基本属性，它独立于人类而存在。以物质循环功能中的碳循环功能为例，陆地和海洋中的植物将大气中的 CO_2 吸收，进而通过一系列的生物或地质过程以及人类活动，又以 CO_2 的形式返回大气中。人类活动的干预，如汽车尾气排放、矿物燃料的使用，虽然会导致大气中 CO_2 浓度的增加，但碳循环仍会不断进行。

（二）生态系统的生产力

生物物质生产是生态系统功能的体现。生态系统的物质生产是指生物获取能量和物质后建造自身的过程。生物生产力通常是指生态系统生产生物量的速率，或是吸收同化外界能量的速率，常用 $g/(m^2 \cdot a)$ 或 $J/(m^2 \cdot a)$ 等表示。

在自然生态系统中，植物的初级生产力是生态系统生产力的基础，为其他生物的生存和发展提供了基本物质条件。初级生产力越大，能够直接或间接为动物提供的食物来源就越多，维持动物生存所需资源的潜力就越大，生态系统中的食物链越长，食物网也越复杂，物种多样性越高。地球上不同区域的初级生产力差异悬殊，如热带雨林的初级生产力最大，达 $2\,200g/(m^2 \cdot a)$，温带干旱地区（草原）的初级生产力只有 $500g/(m^2 \cdot a)$，两者相差 3.4 倍；与此对应的是，热带雨林地区高等动物的种类是温带草原的 8 倍以上。自然生态系统初级生产者与消费者的关系可以用图 7-1 表示。

（三）农业生态系统生产力

在农业生产过程中，人类利用光、热、水、土等自然条件和生物的生理作用进行能量的积累、转化，目的是满足人类生活所需的食物和工业生产所需的原料以及创造良好的生

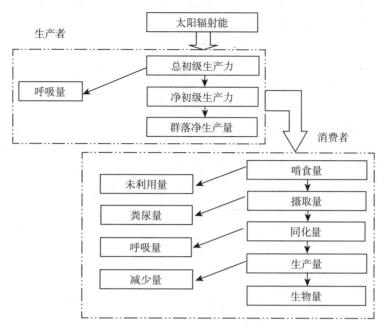

图 7-1　自然生态系统初级生产与消费者的关系

（引自廖允成、林文雄，2011）

态环境。传统意义上，农业生态系统生产力是指单位时间、单位面积上能供人类社会消费的有机物质数量。

在农业生态系统中，系统生产力表现为系统的总生物量和经济产量、农业总产值和纯收入。总产量是衡量农业生态系各级生产的经济产品总量，总产值和纯收入反映农业生产经济效果的大小，一般用价值表示。农业生态系统的生产力包含农业生物的自然生产力和经济生产力。

1. 农业生物的自然生产力　农业生物的自然生产力是指农业生物自身的同化和积累能力。农业生产首先是农业生物的自然生产过程，农业生物在一定时间和空间内的物质、能量积累形成的生物学产量，是农业生态系统生产力的基础。农业生态系统将初级生产的物质和能量尽量多地转化为新的产品，是对进入生态系统的物质和能量充分、有效地利用，次级生产力高低对农业生态系统的生产力有重要影响。

2. 农业生物的经济生产力　农业生物的经济生产力是指各种农业生物提供经济产量的能力。农业生物的经济生产力表现为可被人类利用的产品量及其价值量的大小。农业生物的生物产量最大化并不是农业生产的唯一目的，人类根据农业生物生长的生理生态要求，通过各项干预措施，因地制宜和因时制宜地促进农业生物的生产，其目的通常是为了追求经济产品的经济效益。

农业生物的经济生产力通常用农业总产值或总收入指标表示，最终表现为纯收入的大小。经济产品是生物产量中人类需要和可以直接利用的部分，其价值量大小决定于生物产量的多少和人类的利用率，并受产品价格的影响。农业生物作为经济产品按照价值大小一般可分为主产品、副产品和废弃物三个部分，各部分的比例和价值随人类的综合利用能力和社会的需求而变化。农业生物的纯收入是总收入扣除生产成本后余额的多少。农业生态系统的能流模式如图7-2所示。

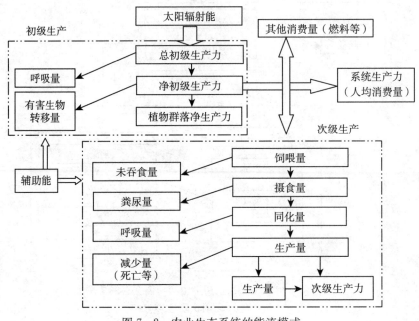

图7-2 农业生态系统的能流模式
(引自廖允成、林文雄，2011)

生产力是表征农业生态系统功能和价值的关键性指标之一，一直是农业生产、农业经济和农业生态学界研究的重点对象。然而长期以来，由于基础理论的限制和研究方法的落后，学界对农业生态系统生产力概念的界定不明确、本质属性认识不清晰，量化研究方法更不具备统一性。由于概念不清楚，缺乏令人信服的计量方法，所以农业生产的可持续性和农业生态建设的可持续性也缺乏科学的衡量标准，导致盲目的、短视的甚至极端错误的农业经营管理措施和方法不断涌现，结果付出了沉重的生态代价。国内外很多学者对农业生态系统生产力的概念和测算方法进行了研究，如程序等（2003）提出了我国北方半干旱地区农牧交错带农业生态系统生产力的概念，初步阐述了在该地区使用如生物质产量、系统耦合度等表征最大太阳能同化量、最高水资源利用效率，来衡量农业生态系统生产力。

二、初级生产力

（一）生态系统初级生产力

生态系统中的能量流动开始于绿色植物光合作用对太阳能的固定。植物所固定的太阳能或所制造的有机物质就称为初级生产量或第一性生产量，亦称初级生产力。在初级生产过程中，植物所固定的能量中，有一部分被植物自己呼吸消耗掉（呼吸过程和光合作用过程是两个完全相反的过程），剩下的部分才以可见有机物质的形式用于植物的生长和繁殖，这部分生产力称为净初级生产力（net primary production，NPP），而包括呼吸消耗在内的全部生产量称为总初级生产力（gross primary production，GPP）。从总初级生产力（GP）中减去植物呼吸所消耗的能量（R）就是净初级生产量（NPP），这三者之间的关系是：

$$GPP = NPP + R$$
$$NPP = GPP - R$$

净生产力用于植物的生长和繁殖，因此随着植物的生长，数量逐渐增多，而构成植物体的有机物质（包括根、茎、叶、花、果实等）。逐渐累积下来的这些有机物质产量，一部分可能随着时间的推移而被分解，另一部分则以生活有机质的形式长期积存在生态系统之中。在某一特定时间内，生态系统单位面积内所积存的这些生活有机质就叫生物量。可见，生物量实际上就是净生产力的累积量，某一时刻的生物量就是在此时刻以前生态系统所累积下来的活有机质总量。生物量的单位通常是用平均每平方米生物体的干重（g/m^2）或平均每平方米生物体的热值（J/m^2）来表示。

应当指出的是，生物量和生产力是两个完全不同的概念，生物量是指在某一特定时刻调查时单位面积上积存的有机物质，而生产力是指单位时间、单位面积上的有机物质生产量。对生态系统中某一营养级来说，总生物量不仅因生物呼吸而消耗，也由于受更高营养级动物的取食和生物的死亡而减少，所以有如下公式：

$$dB/dt = NPP - R - H - D$$

其中的 dB/dt 代表某一时期内生物量的变化，H 代表被较高营养级动物所取食的生物量，D 代表因死亡而损失的生物量。一般说来，在生态系统演替过程中，通常 $GPP > R$，NPP 为正值，这就是说，净生产量中除去被动物取食和死亡的一部分，其余则转化为生物量，因此生物量将随时间推移而渐渐增加，表现为生物量的增长。当生态系统的演替达到顶极状态时，生物量便不再增长，保持一种动态平衡（此时 $GPP = R$）。

（二）农业生态系统初级生产力

初级生产力就是单位时间、单位面积内初级生产者生产的干物质或积累的能量，单位为 $g/(m^2 \cdot d)$。初级生产力常用总初级生产力和净初级生产力表示。总初级生产力即植物在单位面积和单位时间内利用光能合成有机物的总量。净初级生产力即单位面积和单位时间内总生产力减去植物呼吸消耗所剩下的数量。

农业生态系统的初级生产力包括在净初级生产力中。净初级生产力包括：①有害生物转移量，动物、病原微生物的消费总量，这部分能量在管理良好的农业生态系统中往往可以忽略不计；②其他消费量包括燃料、建筑材料等，这部分能量离开系统不再参与循环，散失于环境空间；③植物群落生产力，包括植物根茎、枯枝落叶，以及还田的秸秆等，这部分能量直接进入分解链；④农业生态系统生产力，包括人类直接消费量和饲料量。

初级生产量是表达生态系统生产力的另一重要指标，也是衡量地球对人类容纳量的一个主要依据，测定初级生产量是开展生态系统研究的基本工作。在草地生态系统中，初级生产量是确定草地载畜量和划分草地类型的基础。在森林生态系统中，初级生产量是森林采伐和培育更新的依据。

当生态系统发展到成熟阶段时，虽然生物量最大，但对人的潜在收获量却最小（即净生产量最小）。可见，生物量和生产力之间存在着一定的关系，生物量的大小对生产力有

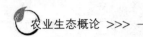

某种影响，当生物量很小时，如树木稀疏的森林和鱼数不多的池塘，就不能充分利用可利用的资源和能量进行生产，生产量当然不会高。以一个池塘为例，如果池塘里有适量的鱼，其底栖鱼饵动物的年生产量几乎可达其生物量的 17 倍之多；如果池塘里没有鱼，底栖鱼饵动物的生产量就会大大下降，但其生物量则会维持在较高的水平上。可见，在有鱼存在时，底栖鱼饵动物的生物量虽然因鱼的捕食而被压低，但生产力却增加了。了解和掌握生物量和生产力之间的关系，对于决定森林的砍伐期和砍伐量，经济动物的狩猎时机和捕获量，鱼类的捕捞时间和捕获量都具有重要的指导意义。

三、次级生产力

（一）自然生态系统次级生产力

消费者将食物中的化学能转化为自身组织中的化学能的过程称为次级生产过程。在此过程中，消费者转化能量合成有机物质的能力即为次级生产力。消费者把食物中的化学能转化为自身组织中的化学能只是同化过程。同化力类似于初级生产过程中的总初级生产力，而次级生产力则类似于净初级生产力。如饲养的禽、畜、鱼、虾等产量即为净次级生产力的一部分。

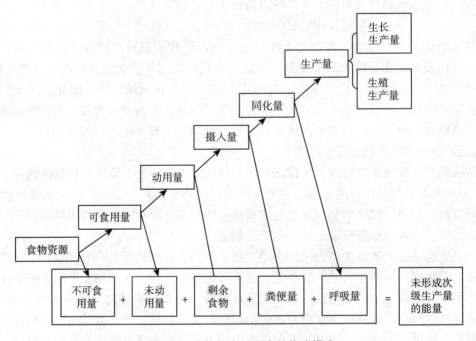

图7-3　次级生产过程中的能流模式

次级生产力包括植食动物和各级肉食动物的生产力，也包括寄生虫链的各级生产力。严格说来，分解者的生产力也属于次级生产力范畴，但由于技术的限制对微生物的生物量及其分解作用的研究较少。能量在食物链的传递过程中是逐级递减的（图7-3）。例如，在植食动物这一级，某些植物以及植物的某些部分是动物所不能吃的；能吃的部分中可能又有一些因动物接触不到或超过食量等原因而未被动用；实际动用部分也常留有剩余；真正吃进去的又只有一部分被吸收同化，其余以粪便形式排出。以上所有未被同化的部分一般转入碎屑食物链，被微生物分解。由此可见，初级生产力的能量只有一小部分用于同化作用，其中还要扣除用于呼吸消耗的能量，以及提供生命活动所需的能量，最后剩余的能量才构成次级生产量。在发育阶段，次级生产量主要用于个体生长，即生长生产量；在成体阶段，动物的活动量很大，但体重一般增加不多，所以次级生产量很低，甚至呈负值，同化量主要用来维持消耗；在性成熟以及生育阶段，次级生产量还包括用于繁殖后代的消耗，即生殖生产量，这在雌性动物中尤为明显。

一般说来，不同生态系统中被植食动物取食的植物占总生物量的比例不同。海洋中的植食动物主要以浮游植物为食，这些浮游植物通常以高繁殖率来维持一定的生物量。在草原牧场上，大动物只吃多年生草本植物的地上部分（占总生物量的30％～60％）。在成熟森林中，一般枯枝落叶主要经碎屑食物链完成物质循环，植食动物的取食量通常只占总生物量的1％～2％。各级肉食动物的次级生产过程与植食动物的大体相似。肉食动物的同化效率较高，但活动消耗也较大。

（二）农业生态系统的次级生产力

与自然生态系统不同，农业生态系统的产品不是供下一个营养级消费，而是直接供应人类的需要。人类社会消费的这部分产品即为次级生产力。农业生态系统的次级生产是动物采食植物或捕食其他动物之后经过体内消化和吸收，把有机物再次合成的过程。次级生产延长了物质和能量在生态系统内的流动传递过程，它以初级生产为基础，直接反映初级生产的质和量。次级生产力的形成，从动物啃食可食植物开始，直到获得动物性产品。过程如下：

与自然生态系统的次级生产不同，农业生态系统次级生产与自然生态系统次级生产的差异表现在：

（1）农业生态系统的次级生产以动物饲喂为主，被动物取食的那部分初级生产的产品称为饲喂量。

（2）农业生态系统的次级生产是指初级生产的部分产品经过异养生物的采食和同化，合成肉、奶、蛋、皮和毛等动物性产品的过程。

（3）农业生态系统的次级生产力是指人类利用的那部分产品，可以来自生产量，也可以来自生物量（如奶、蛋和毛等），为获得畜产品必须保持的畜群相当于自然生态系统中的生物量，它不属于农业生态系统的初级生产力。

（4）农业生态系统中人类通过调控或利用其他生物（如昆虫和微生物）在动植物的有机残余物分解过程中进行具有直接或间接经济价值的产品生产也是次级生产。如利用作物秸秆等培养食用菌，利用动植物废弃物饲养蚯蚓，利用动物粪便养鱼等都属于次级生产过程。

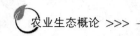

第二节　初级生产力及其估算方法

一、地球主要生态系统的初级生产力

不同生态系统类型的初级生产量差异很大，主要受光照、温度、水分、养分等生态因子和生态系统利用这些因子的能力制约，特别是受水分（降水及其时空分布）的限制比较明显（图7-4）。对于全球范围的各种生态系统，初级生产量主要受热量和水分条件制约，越接近赤道，潮湿陆地区域的初级生产量亦越高。从寒带到温带初级生产量成倍增加，从温带到亚热带也成倍增加，但从亚热带到热带则增加甚少。北方温带初级生产量约为18 900g/m²，热带为44 000g/m²。但是，对于水热条件相近的某一区域同类型的生态系统，初级生产主要受养分条件制约，例如富营养化的水体，藻类等水生植物生产力很高，直到大量生长繁殖造成水中缺氧、动植物死亡；又如，如果森林的枯枝落叶被取走，养分循环亏缺，就会出现生产力下降、森林衰退的现象。

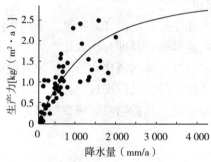

图7-4　世界主要生态系统中净初级生产力与降水量的相互关系

（引自张国平、周伟里，2005）

地球上不同类型的自然生态系统，受光、温、水、养分等因子和生态系统本身利用这些因子能力的制约，初级生产力的差异很大（表7-1）。这种初级生产力的差异决定了生态系统的系统生产力，也决定了其对异养生物（包括人类）的承载能力，同时还影响到人类对其的开发、利用程度和需要采取的保护性措施。地球上各自然生态系统的净初级生产力在3～2 200g/（m²·a），以热带雨林最高。全世界耕地的平均净初级生产力为650g/（m²·a），低于全世界陆地生态系统的平均值［773g/（m²·a）］。因此，人类要想获得更多的初级生产力，不能只限定在耕地上，森林、草原、沼泽、水域等生态系统也是初级能流的主要来源。一般来说，开阔海洋的净初级生产力比陆地低得多，但是，在某些海水上涌的海域，即深海的营养水向表层涌流，净初级生产力却相当高。

表7-1　地球主要生态系统的初级生产力

（引自陈阜，2002）

生态系统类型	面积（×10⁶hm²）	初级生产力［g/（m²·a）］
沼泽湿地	2	2 500
热带雨林	17	2 000

（续）

生态系统类型	面积（×10⁶hm²）	初级生产力［g/（m²·a）］
热带季雨林	7.5	1 500
温带森林	12	1 300
温带落叶林	7	1 200
农田	14	644
温带草原	9	500
苔原高山草甸	8	144
沙漠灌林	18	71
岩石冰川沙丘	24	3.3

在任何一个生态系统中，净初级生产力都是随着生态系统的发育而变化的。例如，一个栽培松林在生长到 20 年的时候，净初级生产力达到最大，此后随着树龄的增长，用于呼吸消耗的生物量会越来越多，而用于生长的生物量越来越少，即净初级生产力越来越小。正如一个生态系统的净生产力会随着生态系统的成熟而减少一样。净生产量和总生产量的比值（NPP/GPP）也会随着生态系统的成熟而下降，这将意味着呼吸消耗占总初级生产量的比例越来越大，而净初级生产量占总初级生产量的比例越来越小，即用于新的有机物生产的总初级生产量越来越少。

二、我国农业生态系统的初级生产力

农业生态系统生产力的形成是自然、经济、社会等综合因素作用的结果。农业生态系统的初级生产主要包括农田、草原和林地生产。

（一）农田初级生产力

农田初级生产力的形成受光照、温度、降水、土壤、地形等自然条件和农田管理措施等人为因素的综合影响。一些研究表明，20 世纪 80 年代以来，人们通过加大农业投入，使各农业区生产力总体上有所提高，但因城市快速扩张，农业区耕地面积逐渐缩小，依靠提高单产来提高生产力的空间已经十分有限。目前我国农田的初级生产力水平总体较高，谷物、棉花等主要农产品的产量均居世界前列，产量总体比较稳定，但作物单位面积的产量与世界高产国家相比，还有较大的差距，这与我国农田人工辅助能的投入处于世界中等水平相一致（表 7-2）。我国农田生态系统的初级生产力仍有较大的提升空间，增加辅助能投入，有望获得更高的生产力。

表 7-2 我国粮油作物单产

（2009 年国家粮油信息中心统计和预测数据）

作物	世　界			中　国		
	总产量（×10³t）	收获面积（×10³hm²）	单位面积产量（kg/hm²）	总产量（×10³t）	收获面积（×10³hm²）	单位面积产量（kg/hm²）
稻谷	696 324	159 416.5	4 368.0	197 212	30 117.3	6 548.1
小麦	653 655	217 219.4	3 009.2	115 181	24 256.1	4 748.5

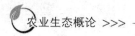

（续）

作物	世　界			中　国		
	总产量 （×10³t）	收获面积 （×10³hm²）	单位面积产量 （kg/hm²）	总产量 （×10³t）	收获面积 （×10³hm²）	单位面积产量 （kg/hm²）
玉米	840 308	161 765.4	5 194.6	177 541	32 517.9	5 459.8
大豆	264 992	102 556.3	2 583.9	15 083	8 516.1	1 771.1
根茎类作物	729 984	52 526.6	13 897.4	162 446	9 135.0	17 782.8
花生	37 954	24 011.5	1 580.7	15 709	4 547.9	3 454.1
油菜籽	59 071	31 640.8	1 866.9	13 082	7 370.0	1 775.0
籽棉	68 299	32 009.0	2 133.7	17 910	4 849.0	3 693.5
甘蔗	1 685 445	23 877.4	70 587.5	111 454	1 695.2	65 746.8
甜菜	228 452	4 698.3	48 624.4	9 296	219.0	42 447.5
茶叶	4 518	3 130.6	1 443.2	1 468	1 419.5	1 034.2
水果	609 214	55 210.4	11 034.4	122 185	11 318.7	10 795.0

（二）我国草原生态系统初级生产力

我国草原面积很大，但草原生态系统的初级生产力很低。徐斌等（2006）通过遥感监测结果表明，2005 年全国各省区草原生态系统面积共 354.6 万 hm²，产鲜草 9.38 亿 t，折合干草 2.94 亿 t，平均生产量为 2 645.2kg/hm²。杨正礼等（2000）对中国高寒草地生产潜力及现实载畜状况的研究表明，全区草地气候生产潜力平均为 6 568.6kg/hm²，草地生产潜力为 2 971.4kg/hm²，现实生产力仅为 1 632.2kg/hm²，占草地生产潜力的 54.9%，占草地气候生产潜力的 24.8%，具有广阔的开发前景。中国高寒草地所能承载的最大理论载畜量（grazing capacity）为 14 771×10⁴ 绵羊单位（一头绵羊一定时间内吃多少草料，就是一个"绵羊单位"，一片草场的畜牧承载量用绵羊单位来计算，适宜载畜量为 7 932×10⁴ 绵羊单位），随着草地生产潜力的不断开发，适宜载畜量在 2020 年可望提高到 2005 年的 1.76 倍。而目前中国高寒草地整体处于超载状态，超载量高达 2 463.5×10⁴ 绵羊单位，超载率高达 28.6%。

（三）森林生态系统初级生产力

森林生态系统的初级生产力为农业生态系统提供了重要的物质基础。第八次全国森林资源清查（2009—2013 年）结果显示，全国现有森林面积 2.08 亿 hm²，森林覆盖率 21.63%，活立木总蓄积量 164.33 亿米³。森林面积和森林蓄积分别位居世界第五位和第六位，人工林面积居世界首位。

三、初级生产力的估算方法

（一）初级生产力的限制因素

1. 陆地生态系统　光、CO_2、水和营养物质是初级生产量的基本资源，温度是影响光合效率的主要因素，而食草动物的捕食会减少光合作用生物量。一般情况下植物有充分可利用的光辐射，但并不是说不会成为限制因素，例如冠层下的叶片接受光辐射可能不足，白天中有时光辐射低于最适光合强度，对 C_4 植物可能达不到光辐射的饱和强度。水分最易成为限制因子，各地区降水量与初级生产量有最密切的关系。在干旱地区，植物的净初级生产量几乎与降水量有线性关系。温度与初级生产量的关系比较复杂：温度上升，总光合速率升高，但超过最适温度则又转为下降；而呼吸速率随温度上升而呈指数上升，其结果是净生产量与温度的关系呈驼背状曲线。

潜蒸发蒸腾（potential evapotranspiration，PET）指数是反映在特定辐射、温度、湿度和风速条件下蒸发到大气中水量的一个指标，而 $PET-PPT$（mm/a）（PPT 为年降水量）值则可反映缺水程度，因而能表示温度和降水等条件的联合作用。遥感是测定生态系统初级生产量的一种新技术，可同时测定很大的陆地区域，在近代生态学研究中得到推广应用。根据遥感测得近红外和可见光光谱数据而计算出来的标准化植被差异指数（ND-VI 指数）提供了植物光合作用吸收有效辐射的一个定量指标，与文献报道的各种陆地生态系统地面净初级生产量是基本符合的。营养物质是植物生产力的基本资源，最重要的是氮、磷、钾。对各种生态系统施加氮肥都能增加初级生产量。

2. 水域生态系统 光是影响水体初级生产力的最重要的因子。预测海洋初级生产力的公式：

$$P = (R/K) \times C \times 3.7$$

其中，P 为浮游植物的净初级生产力；R 为相对光合速率；K 为光强随水深度而减弱的衰变系数；C 为水中的叶绿素含量。这个公式表明，海洋浮游植物的净初级生产力取决于太阳的日总辐射量、水中的叶绿素含量和光强度随水深度而减弱的衰变系数。实践证明这个公式的应用范围是比较广的。决定淡水生态系统初级生产量的限制因素主要是营养物质、光和食草动物的捕食量。

（二）初级生产力的估算

植被净初级生产力作为地表碳循环的重要组成部分，不仅直接反映了植被群落在自然环境条件下的生产能力，表征陆地生态系统的质量状况，而且是判定生态系统碳汇和调节生态过程的主要因子，在全球变化及碳平衡中扮演着重要角色。因此，自 20 世纪 60 年代以来，各国学者对 NPP 的研究倍受重视，国际生物学计划（IBP，1965—1974 年）期间，曾测定了大量植物的 NPP，并结合气候环境因子，建立了 Miami、Thornthwaite、Chikugo 等模型，对植被 NPP 的区域分布进行了评估。建立于 1987 年的国际地圈生物圈计划（IGBP）、全球变化与陆地生态系统（GCTE）和最近出台的京都协定均把植被的 NPP 研究确定为核心内容之一。

相关学者从多个角度采用不同的研究方法，对 NPP 的估算进行了系统的研究，取得了一系列的研究成果。从空间尺度上来说，可分为区域 NPP 模拟估算、NPP 定位观测和全球 NPP 模拟估算三种尺度。基于地面的 NPP 定位观测只能收集到数公顷不同生态系统类型的实测数据，然后根据各种生态系统类型，用以点代面的办法外推区域及全球 NPP 总量，这种基于空间实测数据的估算，迄今仍被用作全球 NPP 估算的参照。在区域或全球尺度上，NPP 是无法直接和全面地测量，因此利用模型估算 NPP 已成为一种重要而被广泛接受的研究方法。早期 NPP 的研究，主要是根据 NPP 和气候之间的统计关系，建立 NPP 的气候估算模型；还有些人则根据植物生长和发育的基本生态生理过程，并结合气候及土壤物理数据，建立了 NPP 估算的生态过程模型。近些年来，随着遥感和计算机技术的发展，利用遥感模型进行 NPP 估算已运用到众多领域，有的直接用植被指数与 NPP 的关系进行计算；而基于资源平衡理论的光能利用率模型，目前已成为 NPP 估算的一种全新手段，使区域及全球尺度的 NPP 估算成为可能。

1. 气候生产力模型 一般情况下，气候因子是植被生产能力的主要影响因素，因此只需对气候因子（如温度、降水、蒸散量等）与植物干物质生产建立相关性，就可以估算植物的 NPP。上述这种简单的统计模型，是早期 NPP 研究的主要方法，该类模型较多，其中以 Miami 模型、Thornthwaite 纪念模型、Chikugo 模型为代表。该类模型的优点是决定 NPP 的环境因子形式简单，在不同区域得到了不同程度的验证，且被广泛应用。但由于该模型忽略了许多影响 NPP 的植物生态生理反应、复杂生态系统过程和功能的变化，也没有考虑到 CO_2 及土壤养分的作用和植物对环境的反馈作用，估算结果不够准确，只能反映一种潜在的 NPP。

2. 生理生态过程模型 基于植物生长发育和个体水平动态的生理生态学模型和基于生态系统内部功能过程的仿真模型，目前已成为生产力生态学研究的热点。早期的生态系统过程模型是在均质的斑块和多斑块水平上模拟和预测生态系统结构和功能的变化过程，所需参数包括地表湿度、降水、辐射强度、日照时间等气象资料，以及土壤和植被中的碳、氮、水等状态参数及分配比率等。空间尺度一般在 $1hm^2$ 以下，忽略了空间异质性因素的影响。因此，这类模型只有在空间范围足够小，以至模型中各组分（变量）在空间范围内的变化幅度与相应的变量在时间尺度范围内的变化幅度相比较可以忽略的条件下才能近似适用。这类模型有 CENTURY、CARAIB、KGBM、SILVAN、BIOME－BGC、TEM 等，它们基本上是在分散的个别生态系统结构和功能研究的基础上发展形成的。在景观和区域的非均质空间范围内应用时，需要在相对均质的斑块上分别模拟，构成空间网点数据，以内插值法把各网点连接在一起，从而实现景观和区域性的模拟。生理生态过程模型对评价植物的初级生产力、模拟作物生长、研究陆面过程和气候的相互作用及预测生态环境变化等方面起到了极大的促进作用，其优点是机理清楚，可以与大气环流模式相耦合，有利于预测全球变化对 NPP 的影响，以及土地覆盖分布的变化对气候的反馈作用。但过程模型比较复杂，研究涉及的领域广泛，所需参数太多，而且难以获得，用于区域和全球估算过程中网格点内参数的尺度转换和定量化相对困难，因而很难得到推广。

3. 光能利用率模型（遥感数据驱动模型）采用光能利用率模型估算植物的 NPP 是基于资源平衡的观点，即假定生态过程趋于调整植物特性以响应环境条件，认为植物生长是资源可利用性的组合体，物种通过生态过程的排序和生理生化、形态过程的植物驯化，就趋向于所有资源对植物生长有平等的限制作用。在环境因子变化迅速或者某些极端的情况下，如果不可能完全适应，或者植物还来不及适应新的环境，最紧缺资源则成为限制 NPP 的主要因子。由此认为，水、氮、光照等对植物生长起限制性的资源均可用于 NPP 的估算。它们之间可以通过一个复杂的调节模型或者一个简单的比率常数转换因子联系起来。NPP 和限制性资源的关系可用公式表示如下：$NPP=Fc×Ru$，其中 Fc 为转换因子，Ru 为吸收的限制性资源。光合有效辐射（PAR）是植物光合作用的驱动力，对这部分光的截获和利用是生物圈起源、进化和持续存在的必要条件。光合有效辐射是植物

NPP 的一个决定性因子，而植物吸收的光合有效辐射（APAP）则尤为重要。随着遥感技术的发展，遥感信息可估算出植物吸收的光合有效辐射。因此，基于光能利用率的 NPP 模型具有较好的运用前景，它们将资源平衡的观点转换成了区域或全球 NPP 模型。

利用光能利用率模型估算植被 *NPP* 有三大优点：①模型简单，可直接利用遥感获得全覆盖数据，在实验基础上适宜于向区域及全球推广；②可以通过遥感手段获得冠层绿叶所吸收的光合有效辐射的比例，无须野外测定；③可以获得确切的 *NPP* 季节、年际动态。因此，近年来，光能利用率模型已成为 NPP 模型的一种重要研究策略。

尽管如此，利用遥感技术建立的 NPP 模型仍然存在着一些局限性。①基于 NDVI 的 NPP 模型存在着一些循环途径。模型的内部存在着这样一个假设，即过去产生的 NDVI 与植被未来的潜在生产相关，遥感植被指数既是植物生长的一个测量参数，同时也是植物生长的一个驱动因子。然而，在环境条件迅速变化的情况下（如大规模病虫害、火灾等），由遥感所获得的 NDVI 无法反映真实的地表植被信息，循环途径被中断，遥感模型模拟的可靠性较差，而生态机理模型更能反映这种短时间的 *NPP* 变化情况。②基于 NDVI 的 NPP 模型无法实现在处理条件下（如气候变更、CO_2 波动、营养物质变化）的模拟预测。不同的处理条件会影响植物生长及碳、氮、有机物质等在各器官中的分配，从而很可能对植被指数产生影响，从而导致不同处理条件下的信息无法由遥感获取。③太阳辐射与光合有效辐射的关系，光合有效辐射和植物吸收的光合有效辐射的关系，植物的光能利用率、光合作用固碳与生物量积累和分配的关系，这些均存在不确定性，使得现有的 NPP 模型还不够完善，还有待进一步完善。

（三）初级生产力的生产效率

在热带一个无云的白天，或温带仲夏的一天，太阳辐射的最大输入量可达 $2.9 \times 10^7 J/（m^2 \cdot d）$。扣除 55% 属于紫外和红外辐射的能量，再减去一部分被反射的能量，真正能为光合作用所利用的就只占辐射能的 40.5%。再除去非活性吸收（不足以引起光合作用机理中电子的传递）和不稳定的中间产物，能形成糖的能量约为 $2.9 \times 10^6 J/（m^2 \cdot d）$，相当于 $120g/（m^2 \cdot d）$ 的有机物质，这是最大光合效率的估计值，约占总辐射能的 9%。但实际测定的最大光合效率的值只有 $54g/（m^2 \cdot d）$，接近理论值的 1/2，大多数生态系统的净初级生产量的实测值都远远较此为低。由此可见，净初级生产力不是受光合作用固有的转化光能的能力所限制，而是受其他生态因素所限制。

20 世纪 40 年代以来，对各生态系统的初级生产效率所做的大量研究表明，在自然条件下，总初级生产效率很难超过 3%，虽然人类精心管理的农业生态系统中曾经有过 6%～8% 的记录；一般说来，在富饶肥沃的地区总初级生产效率可以达到 1%～2%；而在贫瘠荒凉的地区大约只有 0.1%。就全球平均来说，大概是 0.2%～0.5%。

第三节　次级生产力及其估算方法

一、农业生态系统次级生产力的地位与作用

在初级生产的基础上，系统中能量和物质沿着食物链流动，不断改变形态，进行着生物再生产，次级生产具有极其重大的意义。家禽、家畜、食用菌以及各式各样生物的再生

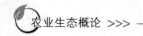

产，在农业生态系统中具有多种功能，如提供动力，生产营养丰富、经济价值高的生物产品；特别是能够把人类不能直接利用的物质以及分散的营养物质，富集、浓缩并转变为人们可以直接利用且价值较高的产品。次级生产在农业生态系统中是不可取代的重要组成部分。次级生产的地位与作用有下述几个方面。

（一）转化各种生物副产品，提高经济效益

在农作物生产的有机物中，除地下部分的根和一部分枯枝落叶留给农田外，大部分都被取离农田。作物中残留率较大的是大豆和油菜，占总体积的 20%～30%，水稻、玉米、甘薯为 10%～20%。在收获的作物有机物中，可以用作粮食、油料和工业原料的部分仅占 30%左右，这 30%中还有人们不能直接利用的糠、麸等副产品，它们含有较高的能量和一定的营养物质。将秸秆等生物副产品直接燃烧，利用率低，氮素挥发损失量大，是能量利用、物质循环效率最低的一种方式。把生物副产品作为饲料饲养各种畜、禽，作为培养基培养食用菌等，生产出肉、奶、蛋、鱼、菇，变废弃物为人能直接利用的副食品，提高生物产品的利用价值，改善人们的食物结构，提高生物产品的经济价值。

（二）生产动物蛋白质，改善食物构成

1980 年，我国人均综合畜产品占有量仅为美国、法国的 1/15，日本的 1/7，韩国的 1/3，巴基斯坦的 1/2。从 1993 年起，我国人均占有肉蛋量和动物蛋白消耗量开始达到或超过世界平均水平。经过多年的努力，我国养殖业有了很大的发展，城乡居民的膳食结构日趋合理。

（三）促进物质循环，增强生态系统机能，提高能量的利用率

发展养殖业，将畜粪和杂草发酵成沼气，沼气作燃料，沼肥肥田又改善了环境，进一步提高了能量利用率，物质的多层次利用促进了物质循环，增强了生态系统机能。不同的畜禽、饲料、采食方法，能量转化率是不同的。但是家畜一般将采食量中的 16%～29%的营养转化为增长体质的有机物，33%用于呼吸消耗，31%～41%随粪便排出。每经过一个环节的转化，都必须有一部分能量释放，但人类对光合产物和能量的直接利用率大大提高了。

（四）提高农副产品经济价值

发展畜牧养殖业和食用菌业，可以把许多没有直接利用价值和直接利用价值低的农副产品转化成利用价值高的产品。据广东省农业厅统计，1989—1993 年利用山地荒坡和冬闲田等发展牧草，累积生产干草 8.83×10^5 t，以草配合饲料养殖猪禽等，共节省饲养成本 6 277 万元。

二、我国农业生态系统的次级生产力

从世界范围看，我国农业生态系统的次级生产力属中等水平，但不同地区的初级生产力、次级生产力水平不同，表现为：

（1）初级生产力水平不同地区间极不平衡，高产区为低产区的 3～4 倍，已超世界先进水平，然而高产区面积不足全国耕地的 10%；中产区接近世界先进水平；低产区属世界最低生产力水平，其面积约占全国耕地总面积的 35%。

（2）次级生产力水平以每公顷耕地产肉、蛋量计，高产区接近世界先进国家水平；中

产区仅为世界先进国家平均值的 20%～50%；低产区仅为世界先进国家平均值的 12%。表明我国次级生产极为薄弱，即使高产区，粮豆产量较高，但肉、蛋产量较低，说明我国粮豆多直接食用，转化为次级生产力的能力极为有限。

（3）我国人口众多，人均占有耕地少，生产力又低，虽然动物产品的绝对数量大，但人均占有量大大低于世界先进国家，即使高产地区也因人口密集，人均占有食物量与低、中产区差异不明显而低于先进国家。

三、次级生产力的转化效率

各种生态系统中，草食动物利用或消费植物的净初级生产效率是不相同的，具有一定的适应意义，在生态系统物种间协同进化上具有其合理性。

（一）次级生产的能量转化效率

次级生产对初级生产的能量转化效率是关系到数个营养级的过程（植物→食草动物→一级食肉动物→二级食肉动物……），因此，它的转化效率也比较复杂。然而，人们比较关注和相对比较重要的有两个方面。

1. 营养级之间能量利用效率（或消费效率）　　首先是初级生产量被食草动物吃掉的比率。在自然生态系统中，曾经得出以下消费效率：热带雨林 7%，温带落叶林 5%，草地 10%。以后的各营养级大约可摄取前一营养级净生产量的 20%～25%，其余的 75%～80% 则进入腐食食物链。

2. 营养级之内的生长效率　　即动物摄取的食物中有多少转化为自身的净生产量。在自然生态系统中，哺乳动物和鸟类等恒温动物的生长效率较低，仅为 1%～3%，而鱼类、昆虫、蜗牛、蚯蚓等变温动物的生长效率可以达到百分之十几到几十。这两类动物在能量利用效率上存在差距的一个主要原因是，恒温动物用于维持体温的耗能太高。因此，在农业生产中如何利用变温动物的低耗能特性，提高能量的转化效率，已成为未来人类食品开发的一个方向。

在农业生态系统中，人工饲养的家禽、家畜能量的利用率要明显高于自然生态系统。一般讲，家禽、家畜可将饲料中 16%～29% 的能量转化为体质能，33% 的能量用于呼吸消耗，31%～49% 的能量随粪便排出。在不同畜禽种类、饲料、管理水平和饲养方法之下，能量的转化效率不同。养殖业中饲料与产肉比率也可以从另一侧面反映出不同种类畜禽的能量利用效率。我国养殖业饲料与产肉比率的大致情况为猪肉 4.1∶1、牛肉 6∶1、禽肉 3∶1、水产养殖业 1.5∶1。根据不同畜禽及水生动物的能量转化效率选择适宜的养殖对象是提高次级生产力的重要措施。

（二）提高次级生产力的途径

1. 调整种植业结构，建立"粮、经、饲"三元生产体系，增加饲料来源，开发草山草坡，发展氨化秸秆养畜，全面使用配合饲料，提高饲料转化效率　　目前我国饲料成本占畜牧业生产成本的 70% 以上，对畜牧业的科技贡献率超过 40%。按照经济社会发展趋势，我国在 2030 年前后将会实现中等发达国家的生活水平，此时人口增长将达 16 亿左右。根据与大陆饮食习惯相同的我国台湾地区饮食结构的历史变化，当人均国民生产总值达 2 700 美元后，肉、奶、蛋的消费量将突飞猛进，此时人均粮食（谷物）的需求量最少要达到 450kg。因此，未来十几年我国国内市场对肉、奶、蛋等次级生产产品的需求仍将大大增加，粮食问题将更为突出，而粮食问题实质上是饲料粮的短缺。基本对策就是调整种植业结构，加大玉米等饲料粮的发展力度，逐渐形成粮食作物、经济作物、饲料作物为 59：20：21 的比例较合理的三元结构。

此外，还要拓宽饲料来源，开发利用秸秆饲料和各种草山草坡，发展草食动物。据中国农业科学院"非常规饲料开发利用课题组"（1995）调查，我国各类作物秸秆资源丰富，农业发展草食家畜潜力较大。我国年植物蛋白饲料资源量达 1.5×10^7 t，饲用程度为 40%～50%；鱼粉 1.0×10^5 t 以上；作物秸秆、秧蔓 5×10^8 t 以上，各种树叶资源 5×10^8 t 以上，各种青绿饲料 1.6×10^8 t 以上，蔬菜叶和瓜果类资源 0.5×10^8 t，水生植物资源 0.4×10^8 t，这些资源的利用程度已达 10%～20%；糠麸资源 0.5×10^8 t，各种糟渣 0.2×10^8 t，还有超过 1×10^8 t 的牧草资源，而南方 0.65×10^8 hm² 草山草坡，水热条件好，可以建成稳产、优质、高产的人工草地发展畜牧业。

按照限制因子原理，为提高次级生产力，还要推广使用全价饲料，重点是推广饲料添加剂及其配套利用技术，推广适用于不同畜种、鱼种、品种、生产阶段和环境下的优质、高效、无残留、无污染、无公害的畜禽鱼饲料添加剂。

2. 培育、改良和推广优良畜禽鱼品种，不断提高良种推广率 加强高转化率优质抗病品种的选育，因地制宜选择适宜养殖品种。畜禽鱼品种的特性，无论是在形态上还是在功能和行为上，都高度适应它所处的某种特定环境。

3. 适度集约养殖，加强畜禽鱼环境控制及设施工程建设，减少能源消耗 以我国主要的次级生产养猪为例，2005 年生猪存栏数达 4.9 亿头，占世界总量的 51%。农户小规模分散饲养的传统饲养方式一般水平的肉料比为 1：（3.5～4.0），饲养时间为 200d；先进水平的肉料比为 1：2.8，饲养时间为 180d。而国外先进水平的肉料比为 1：（2.4～3.0），饲养时间为 160d。所以，要针对我国各地农村养猪的生产特点、营养需要、饲料资源等，分别制定相应的饲养标准，重点是因地制宜进行适度规模养殖，推广科学养猪配套技术。农户家庭养猪也要按科学饲养进行改造，主要是改养脂肪型猪为瘦肉型猪，改有啥喂啥为喂配合饲料，改熟食稀喂为生食干喂，改深坑大圈养为地面平养，改"吊架子"为直线育肥，改养大肥猪为养适时出栏猪，北方地区寒冷季节改用猪舍或菜（果）—猪—沼气—塑料大棚四位一体温室。

4. 推广畜禽鱼结合、种养加配套的综合养殖模式，充分利用各种农副产品和废弃物

（1）发展草食动物。作物秸秆、树叶、菜叶、青草、干草这类富含纤维素的有机物质，作为牛、羊等草食动物的饲料，可以扩大其食物来源。牛、羊、马、兔的消化器官发达，具有较强的消化能力。牛、羊反刍动物的肠道发达，长度为其体长的 20～27 倍或以上，食物在消化道内可停留 7～8d。如以小麦秸秆喂牛，其消化率达 42%，喂马其消化率为 18%，而猪基本上不能消化小麦秸秆。其次，牛、羊具有较强的消化粗纤维的能力。据测定，1g 牛胃内容物有细菌 1 000 亿个、纤毛虫 200 万个，通过微生物分解纤维形成各种有机酸，供牛、羊吸收利用，同时细菌和纤毛虫又是牛、羊的生物蛋白质饲料。因此，人们用尿素等非蛋白质氮做辅助饲料，促使其胃中微生物旺盛繁殖，以换取生物蛋白质。我国每年生产 4.5×10^8 t 以上的粮食，同时也生产 6×10^8 t 的秸秆，仅有 1/4 左右用作饲料，其中经处理（青贮或氨化）后利用的秸秆占已利用秸秆的 1/5 左右，利用潜力还很大。

（2）充分利用水面发展鱼、虾、蟹、贝类水生生物养殖。水面发展鱼、虾、蟹、贝类水生生物，将人们不能食用的麦草、稻草、蔗叶、菜叶、田间杂草和农产品加工后的副产品，以及粪便作为鱼的饵料，经草鱼食用后，其碎屑和草鱼粪便可促使浮游生物繁茂生长，并可促进鲢鱼（鲢和花鲢）的生长。鱼、虾是冷血动物，具有维持消耗低，繁殖率高的特点，比陆生恒温动物能量转化效率高两倍以上。

（3）发展腐生食物链生产。运用生态学原理，进行食物链设计，充分利用植物的光合产物，提高能量转化效率。腐生食物链利用的生物有蜗牛、蚯蚓、蝇蛆、食用菌等。农田中放养蚯蚓，可使土壤疏松，蓄水保肥，促进有机残体的腐殖化和微生物的活动。放养蚯蚓的农田中，小麦、玉米、棉花增产 11％～18％，蔬菜增产 35％～50％。而蚯蚓含有丰富的动物蛋白，鲜蚯蚓中含粗蛋白质 15％～17％，专门养蚯蚓时每公顷土地可产蚯蚓 60～75t，蚯蚓可作为药材原料，底盘是畜牧业优质的蛋白质饲料。利用棉籽屑、作物秸秆、碎木料等培养食用菌，菌渣还可做牛、鱼的良好饲料。

（4）沼气和堆肥等有机物综合利用，有限利用分解能。对不能用作饲料的各种有机物，不应直接烧掉，而是用作沼气的原料，或制作其他燃气，或制作堆肥，或回田培肥地力，可推广使用腐秆灵等菌肥加快回田稻秆等的分解。实践证明，发展沼气是不少农村实现物质能量多级利用，形成生态经济良性循环的有效途径，也是缓解农村能源紧缺乃至减少温室气体直接排放的有效手段。

（5）混合养殖，多级利用。畜禽粪便常含有较多未被利用的能量和营养物质，可作为其他动物的饲料，混合喂养并辅之以蚯蚓养殖、沼气发酵，可大大提高物质能量的利用率。据李玲等（1985）的研究，利用鸡粪喂猪，猪粪入沼气池制沼气，沼渣养食用菌，形成的鸡—猪—沼气—食用菌混合养殖生产体系，饲料中的能量利用率由 61.5％提高到 80.7％。

第八章｜CHAPTER8
农业生态系统的调控与管理

第一节　农业生态系统的调控

对农业生态系统进行综合评价，是为了更好地调控和管理农业生态系统。农业生态系统是一个人工管理的生态系统，既有自然生态系统的属性，又有人工管理系统的属性。一方面通过自然内在自我调节能力，保持一定的稳定性；另一方面通过人类各种技术手段进行人为干预，形成外在调节能力，进而保持系统的稳定性。因此充分认识农业生态系统的调控机制及调控途径，不仅有助于建立高效、稳定的农业生态系统，而且也有利于利用和保护农业资源，提高系统生产力。

一、自然调控机制

农业生态系统的自然调控机制是从自然生态系统中传承下来的生物本身、生物与生物、生物与环境之间的基本调控机制，主要包括各类型的反馈调控、本能调控、随动调控、优化调控、程序调控、稳态调控，光照、温度等环境因子对植物发育、昼夜节律的调控，对家畜行为的调节作用，以及林木的自疏现象、功能分组、冗余现象等。相对于人工调控，自然调控更为经济、可行、有效，为人工调控奠定了基础。

（一）反馈调控

1. 反馈机制　反馈（feedback）是指将系统的输出返回到输入端并以某种方式改变输入，进而影响系统功能的过程。反馈可以分为负反馈和正反馈（positive feedback）。负反馈使输出起到与输入相反的作用，使得系统输出与系统目标的误差趋于减小，系统趋于稳定，对系统的原始状态有削弱甚至消除的作用，进而处于一定的有序平衡态。正反馈使得输出起到与输入相似的作用，系统偏差不断增大，产生振荡，对系统的原始状态和各项属性有扩大和加强的作用，进而使系统偏离平衡。在自然生态系统中，生物常利用正反馈机制逐渐接近目标，如达到一定的种群密度，占据一定的生态位等；常利用负反馈使系统在目标附近获得必要的稳定。

根据系统论的观点，开放系统具有某种反馈机制特别是负反馈机制，在一定程度上能控制系统的功能，这种系统称为控制论系统。但是要使反馈系统充分产生调控作用，系统必须具备某种理想的状态或者位置点。这个位置点是进行调节的基本依据。根据系统的复杂程度，反馈形式和途径可分为图8-1所示的三种类型。

生态系统的反馈调控是有一定限度的。系统在不影响其自动调节能力的前提下所能忍受最大限度的外界压力（临界值），称为生态阈值。外界压力主要包括自然因素如自然灾

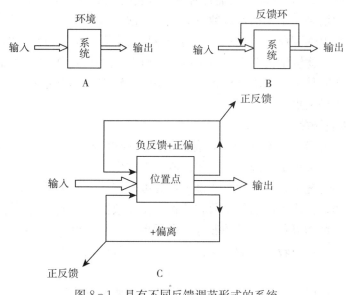

图 8-1　具有不同反馈调节形式的系统

(引自杨持，2008)

A. 开放系统　B. 具有一个反馈环的控制系统　C. 具有一个位置点的控制系统

害等，也包括人类行为的诸多外在因素，如对自然的获取、改造和破坏等。收获理论是建立在生态阈值之上的典型因素理论之一，即要从一个目标种群中获得预期的最大持续产量，必须要保留种群一定的界限。例如，一片森林的采伐量不能高于其生长量；一块草地的载畜量不应超过其最大承载力，过度放牧会引起草原退化、水土流失，进而导致畜牧业衰退。

2. 反馈调控的层次水平　生态系统的不同正负反馈，能在个体、种群、群落和系统水平上行使功能。

（1）个体水平上的调控。个体水平上的调控是指生物个体通过生理与遗传变化去适应环境的变化，通过适应性，形成生活型、生态型、亚种、新种，使物种多样性和遗传基质的异质性得到加强，同时提高对环境资源的利用效率。例如，动物对体温的调节与环境间存在明显的负反馈调节作用，当温度较低时，动物皮肤收缩，以减少热量的散发，这是一种负反馈调节，当温度升高时，动物血液循环加快，汗腺排汗以散发大量体内的热量，这是一种正反馈机制。

（2）种群水平上的调控。种群水平上的调控是指通过个体间的相互作用和个体水平上的正负反馈，使得个体与环境、个体与群体之间保持一定的协调关系。水稻、小麦通过个体的增殖来调节种群密度，使得个体、群体的密度相协调。当群体超过一定密度后，个体的穗数，每穗粒数减少和粒重减轻，呈负反馈调节，群体个体的数目在营养、水分和光照的总量控制下协调发展；反之，形成正反馈调节以弥补基本苗数或种群密度的不足。

（3）群落水平上的调控。群落水平上的调控是指生物间通过正负反馈作用而调节彼此间的种群数量、比例关系，同时受共同最大环境容量制约的一种调控作用。种群之间、捕食者与被捕食者之间的数量调节也是一种反馈机制。捕食者数量因为猎物增加而增加（正

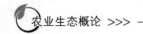
反馈），猎物会逐渐减少，从而导致捕食者数量因食物短缺而下降（负反馈）；当捕食者减少，猎物可能再次增多，于是捕食者数量又增加，这样循环往复地自动调节。

（4）系统水平上的调控。系统水平上的调控是指生态系统通过交错的种群关系、生态位的分化、严格的食物链量比关系而对系统稳定性产生的调控作用。例如，在复杂的乔、灌、草混合的针阔叶林中，由于食虫鸟类多，马尾松较难发生松毛虫灾害，而在马尾松纯林中，则容易发生松毛虫灾害。

（二）多元重复调控

多元重复补偿是指在生态系统中，有一个以上的组分，组分间功能完全相同或者相近，或者说在网络中多个组成成分处于相同或相近的生态位，在外来干扰使其中一个或者多个组分被破坏的情况下，另外一个或多个组分可以在功能上给予补偿，进而保持系统输出稳定不变。例如，植物生产的种子数和动物的排卵数往往大大超过环境可容纳量；同一食草动物通过多种植物以获取充足的养分。多元重复补偿使得生态系统在遇到干扰后，仍能维持正常的能量和物质转化功能。这种多元重复有时也理解为生态系统结构功能组分的冗余现象。

生态系统中生物以超过正常量来完成特定功能的调控方式称为冗余调控。冗余调控是多元重复补偿调控的一种形式。但多元重复补偿调控多存在两条以上的途径，并不仅仅是通过超过正常量来完成特定功能。在自然界中，冗余现象普遍存在，如黄土高原半干旱地区春小麦品种在根系生长方面存在着对产量不利的冗余现象，果树的花、叶和新梢也往往存在生长冗余现象。

（三）自然调控的类型

自然调控类型可分为：

1. 程序调控　指由生物遗传基因决定的有序调控。例如，某些动物从卵开始的发育、成熟、死亡的过程。一般来说，生物的进化程度越高，调控机制越完善，越复杂，其程序性则越强。

2. 随动调控　一般是指动植物的运动过程以一些外界因素作为跟踪目标。如向日葵的花跟着太阳转，植物的根向着有肥水的方向生长。

3. 最优调控　主要是指生态系统经历了长期的进化压力，进而实现优胜劣汰，现存的很多结构都是最优或接近最优的。

4. 稳态调控　指自然生态系统形成了一种发展过程中逐渐趋于稳定、干扰中维持不变、受破坏后可以迅速恢复的稳定性。

二、人工调控机制

人工调控是指农业生态系统在自然调控的基础上，遵循农业生态系统的自然属性，通过人为干预及其调节，利用一定的农业技术和生产资料加强系统输入，进而改变农业生态环境，改变农业生态系统的组成成分和结构，从而达到提高农业生产、加强系统输出的目的。农业生态系统的调控途径可分为经营者的直接调控和社会间接调控两种。

（一）人工直接调控

1. 生境调控　生境调控就是利用农业技术措施改善农业生物的生态环境，进而达到调控目的。它主要包括对土壤、气候、水分、有利有害物种等因素的调节，其主要目的是改变不利的环境条件，或者削弱不良环境因子对生物种群的危害程度。

调节土壤环境，可通过物理、化学和生物等方法进行。传统的犁、耙、耘、起畦，以至排灌、建造梯田等物理方法，能改善耕层结构，协调水、肥、气、热的关系。使用化肥、除草剂和土壤改良剂能够改善土壤中营养元素的平衡状况。而施用有机肥、种植绿肥、放养红萍、繁殖蚯蚓等措施属于生物方法，它们既能改善土壤的物理性状，又能改善土壤中营养元素的平衡状况，有利于提高土壤肥力。

调节气候环境，表现在区域气候环境的改善上，可通过大规模绿化和农田林网建设、人工降雨、人工驱雹、烟雾防霜等措施来实现。局部气候环境的改善，可通过建立人工气候室和温室、动物棚舍、薄膜覆盖、塑料大棚、地膜覆盖，施用地面增温剂等方法实现。

调节水分的方法很多；如修水库，打机井，建水闸，田间灌排、喷灌、滴灌、施用叶面抗蒸腾剂等方法都可以直接改善水分供应状况。通过土壤耕作，增施有机肥料，改良土壤结构，也可以增强土壤的保水能力。

2. 输入输出调控 农业生态系统的输入包括肥料、饲料、农药、种子、机械、燃料、电力等农业生产资料；输出包括各种农业产品。

3. 农业生物调控 农业生物调控是在个体、种群和群落各个水平上通过对生物种群遗传特性、栽培技术和饲养方法的改良，增强生物种群对环境资源的转化效率，达到调控目的。

个体水平调控的主要手段包括品种的选用和改良，以及有关物种的栽培和饲养方法。如优良品种的选育、杂种优势的利用、遗传工程手段、生长期间整枝打顶、疏花疏果、喷施激素等措施调节生长。

种群水平调控主要是建立合理的群体结构和采取相应的栽培技术，调节作物种植密度、牧畜放养密度、水域捕捞强度、森林砍伐强度等，从而协调种群内个体与个体、个体与种群之间的关系，控制种群的动态变化，保持种群的最大繁荣和持续利用。

群落水平调控是调控农业生物群落的垂直结构、平面结构、时间结构和食物链结构，以及作物复种方式、动物混养方式、林木混交方式等，建立合理的群落结构，以实现对资源的最佳利用。

4. 系统结构调控 农业生态系统的结构调控是利用综合技术与管理措施，协调农业内部各产业生产间的关系，确定合理的农、林、牧、渔比例和配置，用不同种群合理组装，建成新的复合群体，使系统各组成成分间的结构与机能更加协调，系统的能量流动、物质循环更趋合理。在充分利用和积极保护资源的基础上，获得最高系统生产力，发挥最大的综合效益。从系统构成上讲，结构调控主要包括以下三个方面：

（1）确定系统组成在数量上的最优比例。如用线性规划方法求农林牧用地的最佳比例。

（2）确定系统组成在空间上的最优联系方式。要求因地制宜、合理布局农林牧生产，使生态位原理进行立体组合，按时空二维结构对农业进行多层配置。

（3）确定系统组成在时间上的最优联系方式。要求因地制宜找出适合地区优先发展的突破口，统筹安排先后发展项目。

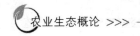
（二）社会的间接调控

社会的间接调控是指农业生态系统的外部因素，包括财经金融、公交通信、科技文献、政法管理等通过经营者对生态系统产生调节作用的有关社会机制（图8-2）。

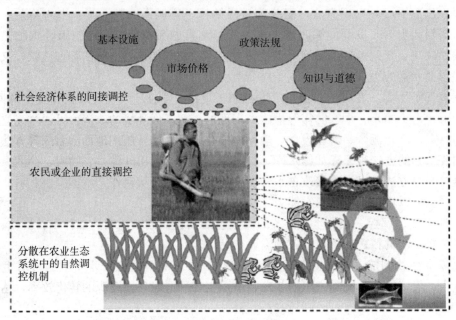

图8-2　农业生态系统的调节控制机制

（引自骆世明，2013）

三、农业生态系统调控的特点

农业生态系统调控兼有中心式调控和非中心式调控两种机制。

农业生态系统的调控层次有三层。①从自然生态系统继承的非中心式调控机制是农业生态系统的第一层调控。这个层次的调控通过生物与环境、生物与生物的相互作用，生物本身的遗传、生理、生化机制来实现。②由直接操作农业生态系统的农民或经营者的调控活动构成第二层调控。这个层次的人直接调度系统的重要结构与功能。农业生产技术是这个层次的主要调控形式之一。③农业生态系统调控机制的第三个层次是社会间接调控。这一层次通过社会的财政系统、金融系统、公交系统、通信系统、行政系统、政法系统、科教系统等影响第二层次的农民或经营者的决策和行动，从而间接调控了农业生态系统。

第二节　农业生态系统调控的途径与技术

农业生态系统调控主要应用生态工程技术以传统农作技术对农业生态系统的不同层次进行设计和管理，配合相应的配套技术，运用系统工程的最优化方法，设计分层多级利用资源的生产工艺系统。农业生态系统调控技术的应用，最终目标就是在促进物质良性循环的前提下，充分发挥资源的生产潜力，防止环境污染，达到经济与生态效益同步发展。

一、立体农业种养技术

立体农业种养技术是一种劳动密集型技术，浓缩着我国传统农业精华。这种技术通过协调作物与作物之间、作物与动物之间以及生物的环境之间的复杂关系，充分利用互补机制并最大限度避免竞争，使得各种作物、动物能发挥其在农业生态系统中的功能，以提高资源利用效率及生产效率。这类模式在我国农区普遍存在，尤其是光、热、水资源条件较好和生产水平较高的地区更是类型多样，成为解决人多地少，增产增收的主要途径。

立体养殖是在传统养殖模式的基础上发展起来的，可以看作是多种传统养殖模式的一种高效结合。它充分利用环境各个部分的不同属性和所涉及农作物及养殖动物生存所需要的特定环境，将其有机地结合在一起，使有限的土地发挥最大效益。以水稻和鱼类为例，稻田中滋生的各种动植物如水生昆虫、部分害虫以及田中杂草等，为各种鱼类如虾、蟹等提供了丰富的食物，不但节省了饲料，还为各种鱼类的生长提供了良好的生态环境；各种鱼类食用稻田中的害虫和杂草，对稻田进行松土，鱼类的排泄物可以使稻田的土壤变得肥沃，为水稻创造良好的生长环境。水稻和鱼类相互作用、相互影响，使稻田中的每一部分都得到充分利用，极大地提高了稻田的经济效益。立体养殖技术具有投资少、见效快的特点，很大程度地提高了经济收益。

二、有机废弃物多层次资源化利用技术

农业产业间相互交换废弃物，使得废弃物资源化利用。运用系统工程技术建立具有生态良性循环以及可持续发展的多层次、多结构、多功能的综合农业生产体系，形成多产业耦合的横向拓展、产品深加工的纵向延伸以及副产物和废弃物资源化利用的立体化结构新格局，实现最大限度地利用进入系统的物质和能量。在一定空间将栽培植物和养殖动物按照一定的方式配置的生产结构，使之相互间存在互惠互利的关系，达到共同增产、改善生态环境、实现良性循环的目的。主要方式有畜禽粪便综合利用和秸秆综合利用。

（一）畜禽粪便综合利用

畜禽粪便综合利用技术已受到普遍重视。如鸡粪中有70％的营养成分未被吸收，经过适当处理可作为猪、鱼等动物的优质饲料。畜禽粪便的另一种用途是作为沼气原料，可作为能源使用，沼气的废渣废液可作为优质的有机肥料供作物利用，还可以作为食用菌培养料和猪、鱼饲料。

（二）秸秆综合利用

农作物的秸秆产量很大，占到生物量的60％左右。目前秸秆有相当一部分被焚烧掉了，不仅污染空气，而且其所含的粗蛋白、纤维素及大量微量元素等也被浪费掉了。因此，加强秸秆的综合利用是农业生态研究的重要任务。

秸秆利用途径目前除了部分用作有机质补充农田外，还有一部分作为饲料供牛、羊等草食动物食用（图8-3）。秸秆还可以通过氨化处理、微生物发酵及添加剂处理等，使营养价值和适口性大量提高，并可替代部分粮食。秸秆还可作为食用菌等的培养料及沼气原料。

图 8-3　谷秆两用稻

三、农业清洁生产技术

清洁生产强调从源头削减污染，提高资源利用效率，减少或者避免生产、服务和产品使用过程中污染物的产生和排放，以减轻或者消除对人类建康和环境的危害。一是通过资源的综合利用、寻找替代资源、能源二次利用、资源的循环利用等节能降耗和节流开源措施，实现农田资源的合理利用，进一步延缓资源的枯竭，最终实现农业可持续发展；二是减少农业污染的产生、迁移、转化与排放，提高农产品在生产过程和消费过程中与环境的相容程度，降低整个农业生产活动给人类和环境带来的风险。农业清洁生产技术是农业生产过程中，通过生产和使用对环境友好的"绿色"农用化学品（化肥、农药、地膜等），改善农业生产技术，减少农业污染的产生，实现社会、经济、生态效益的持续统一。

四、生物防治病虫草害技术

病虫草害是造成作物减产的重要原因。利用生物措施及生态技术有效控制病虫草害的潜力很大，其优点在于无毒性残留、不污染环境，又可保护生物多样性并有利于生态系统自我调节。

（一）利用轮作、间作、混作等种植方式控制病虫草害

轮作是通过农作物茬口特性的不同，减轻土壤传播的病害、寄生性或伴生性虫害、草害等，其效果甚至是农药不能达到的。间作及混作等是通过增加生物种群数目，控制病虫草害。玉米与大豆间作，因透光通风条件改善，可减轻大叶斑病、小叶斑病、黏虫、玉米螟的危害，又能减轻大豆蚜虫的发生。

（二）通过收获和播种时间的调整可防止或减少病虫草害

各种病菌、害虫、杂草都有其特定的生活周期。通过对作物种植及收获时间的调整，将害虫食性时间打乱或错开季节，可有效地减少危害。此外，种植抗虫品种也是一种经济

有效的途径。

（三）利用动物、微生物治虫、除草

在生态系统中，一般害虫都有相对应的天敌。通过放养天敌也是控制病虫害的一种有效途径。例如，稻田养草食性鱼类治草、治虫，稻田放鸡食虫。

（四）从生物有机体提取的生物试剂替代农药防治病虫草害

利用自然生物分泌物之间的相互作用，运用生物化学、分子生物学、生态学技术与方法开发新型农药已经成为新趋势。

五、再生能源开发技术

通过开发一些新能源替代部分化工商品能源是当前农业生态的一项重要技术。如开发利用生物能（薪炭林、沼气）、生态能（太阳能、风能、地热能）等。

（一）沼气发酵技术

沼气发酵是通过微生物在厌氧条件下，把淀粉、蛋白质、脂肪、纤维等有机大分子降解为可溶性碳、氮小分子化合物，同时产出甲烷等可燃性气体的有机化学反应过程。从生态系统角度看，将秸秆、粪尿、有机废弃物等通过沼气发酵产生可利用能源，一方面不仅可以解决环境污染问题，另一方面也可强化生态系统的自净能力，从而实现无污染生产。

（二）太阳能利用技术

太阳能是一种恒定的可再生清洁能源，也是实现农业生产过程的基本能源。目前所采用的技术有地膜覆盖、塑料大棚、太阳能温室、太阳灶等，这些技术都可有效地增强太阳光能的吸收利用，有效解决作物生长过程中的热量需求及生活用能。

（三）风能、地热能、电磁能利用技术

在一些海拔较高、风力强大的地区，风力能发电、照明、取暖，利用价值较高。

六、节水工程技术

节水农业是充分利用自然降水和灌溉技术的农业，其目的是尽可能提高作物水分利用效率。节水农业包括节水灌溉技术、农田水分保墒技术、节水栽培、适水种植的作物布局，以及节水材料、节水制剂的选用、抗旱作物品种的选育和节水管理系统的建立。节水农业的关键在于减少灌溉水从水源到农田直至作物吸收利用过程中的无效损失。节水灌溉技术包括低压管道输水灌溉技术、渠道防渗工程技术、喷灌工程技术、微灌工程技术、渗灌工程技术、地面灌溉节水技术。

七、农业生态环境保护与治理技术

（一）农业污染防治技术

农业污染主要指化肥、农药的不合理使用造成的土壤污染，焚烧秸秆造成的空气污染，畜禽粪便对水体的污染，设施农业产生的塑料农膜废弃物对环境的污染。化肥污染防治方面的技术有测土配方施肥技术、生物化肥有机化肥施用技术等。农药污染控制技术有微生物降解技术等。

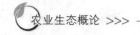
（二）水土保持技术

当前我国农业发展和环境变恶劣的重要原因之一便是水土流失。从实践来看，利用生物工程综合治理水土流失的效果十分显著。通过种草、种树提高地表覆盖率，利用其根系固定土壤、减缓径流、降低风速。对一些盐碱地、沙荒地等改造治理也需要利用生物工程。例如，通过种抗碱的牧草、向日葵等作物，集合开沟挖渠等工程措施，有效控制和改良盐碱地，使其逐步发展成为高产高效农田（图 8-4）。在后续农业生产中可采取适当耕作的策略，可利用垄沟种植、等高耕种、残茬覆盖、少耕、免耕等保持水土。

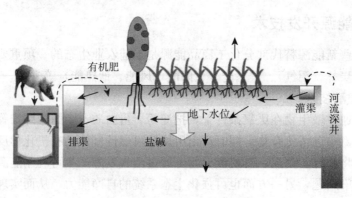

图 8-4　黄淮海区域农田盐碱治理示意

（三）农业生态恢复工程

农业生态恢复工程，即运用生态学原理和系统科学的方法，把现代技术与传统的方法通过合理的投入和时空的巧妙结合，使农业生态系统保持良性的物质、能量循环，从而达到人与自然协调发展的恢复治理技术。农业生态恢复技术可分为土壤改造技术、植被的恢复与重建技术、防治土地退化技术、小流域综合整治技术、土地复垦技术等五大类。

第三节　农业生态系统管理的手段与技术

一、农业生态系统管理概述

农业生态系统管理概念源于对生态系统管理概念的拓展。生态系统管理是操作生态系统的物理、化学和生物过程，把有机体与其非生物环境以及人类活动的调节联系起来，营造一个健康的生态系统。生态系统管理是实现人类社会真正可持续发展的基本途径。循着农业生态学的理论和方法，对农业生态系统的物质、能量、信息流过程的全面认识并加以管理，实现农业生态系统生产力提高和可持续性发展的基本途径。

生态学对现代科学的贡献莫过于生态系统概念的提出（Godwin，1977）。从 1935 年英国生态学家 A. G. Tansley 第一次提出生态系统概念到目前，作为生态学分支科学的生态学逐步成熟，为实现对生态系统的宏观管理奠定了基础。从生态系统理论看，物质世界具有从原子—分子—细胞—组织—器官—个体—种群—群落—生态系统到全球生态系统乃至宇宙生态系统的完整生物组织层次（bio-organizational levels），由此可以洞察人类社会进化对自然生态系统的影响。

美国早期著名生态学家 Aldo Leopold（1949）在其著名的《沙乡年鉴》中指出，自然生态系统对人类社会经济发展起着决定性作用，因此，他预见生态学将成为对自然生态系统实现管理的指导性学科。但直到 1972 年罗马俱乐部在其《增长的极限》中揭示了全球存在人口、粮食、资源、能源和环境等五大生态危机，人们才认识到传统的发展理念对自然资源的管理途径存在严重不足，生态系统管理的理念逐渐为人所知。1988 年 Agee 和 Johnson 出版《公园和野生地的生态系统管理》一书，将生态系统管理概念定义为"调控生态系统内部结构和功能、输入和输出，使其达到社会所期待的状态"。此后对生态系统管理的各类定义不少于 50 种（于贵瑞，2001）。其中，世界自然保护联盟（IUCN）下属的生态系统管理委员会（CEM）在 1999 年出版的《生态系统管理：科学与社会问题》一书中提出："生态系统管理就是操作生态系统的物理、化学和生物的过程，把有机体与其非生物环境以及人类活动的调节联系起来，营造一个健康的生态系统"，被学界广泛认可。生态系统管理的基本分析框架如下：

（1）生态系统结构分析。主要是对生态系统的生命和非生命组分进行分析。在现有监测资料或详细的现场调研基础上，结合历史资料，系统分析其生态系统现状及演变趋势，并找出生态敏感因子。

（2）生态系统过程分析。包括能量流动过程、物质循环过程以及生态系统的演化过程的分析。生态系统管理的效果在很大程度上取决于人们对生态系统有机整体以及各层次间相互作用的科学理解程度。

（3）生态系统服务及其功能价值化评估。通过货币化形式，对生态系统服务功能价值进行评估，量化生态系统对人类生存环境的贡献，由此来反映生态系统的现状，其结果不仅为采取的管理措施提供数据依据，还可作为生态系统管理中维持生态系统产品与环境服务的最佳组合和长期可持续性的依据。

（4）生态系统管理方式研究。通过生态系统结构、过程和服务功能的分析，得出所研究区域生态系统的现状，决定对其采取保护、恢复或重建等管理方式。

二、农业生态系统管理的技术

王松良等（2010）提出基于颜色的实现农业生态系统管理目标的技术体系和技术类型。

（一）技术体系

1. 绿色技术体系　当前，绿色技术主要指所有能够有利于改善环境和生态保持的技术，主要包括清洁生产、末端控制技术和再生技术等。如通过农田生态系统的立体开发，发挥农作物全球陆地碳库的重要功能，实现农业景观空间最大植被覆盖，调整耕作制度，尽量使用少耕、免耕等保护性耕作措施，恰当应用各类绿肥作物，如覆盖作物、携肥作物等间套种植。以充分发挥农业植物和土壤的碳汇功能，同时注重土壤培肥，维持养分平衡，减少对土壤有机碳的扰动和化肥的使用，从而减少碳排放。此外，在充分利用现代生物技术上，改良和推广优良品种和挖掘利用"绿色基因"，生产安全、低耗、低排的绿色食品也是绿色技术体系的重要组成。

2. 蓝色技术体系　蓝色与水相关，因此，蓝色技术主要是指提高淡水利用率或者增

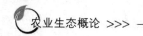

加淡水资源的技术，如节水资源技术、海水淡化技术等。首先，引导消费者改变传统消费结构，实施海洋工程，到海洋中找食物（蛋白），可减少动物养殖，从而减少碳排放；其次，实施旱地工程和节水工程，尽可能减少耗水的水稻种植面积，可减少淹水性水稻田大量甲烷的排放。

3. 白色技术体系　在这里，白色用于指加工后的农产品，把农产品加工当作农业生态系统食物链的一环，通过食物链加环，沿着加工链，特别是农产品的就地加工，实现农副产品的（经济学上）增值（指价值）和（生态学上）的增殖，后者指加工的下脚料可及时归还到当地的农田生态系统，既维持当地农业生态系统养分的平衡，又减少辅助能投入而减少碳排放。

4. 灰色技术体系　实际上，农业生态系统管理者没有必要全部知晓某个农业生态系统内部结构的全部情况，做到部分知晓即可，即所谓的灰色系统。通过对系统的物质、能量和信息的输入和输出的把握可反映系统的功能运转状态。灰色技术体系通常指基于上述灰色系统下的计算机技术。灰色技术体系就是应用现代信息技术，特别是整合现代地理信息系统（geographic information system，GIS）、全球定位系统（global positioning system，GPS）和遥感技术（remote sensing，RS）等"3S"技术，发展精确农业，为处理农业生物与环境、资源的关系提供精确的信息，才能使农业真正做到环境友好和生态相容，最终实现对农业生态系统的可持续管理，实现农业储碳减排目标。

（二）技术类型

1. 多维用地技术　为了提高土地生产力，通过农业生物组合，从空间和时间上充分发挥土地所承载的农业自然资源潜力，如立体种养（立体农业），着重于开发利用垂直空间资源的一种生态农业技术。在单位面积上，利用生物的特性及对外界条件的不同要求，通过种植、养殖和加工业的有机结合，建立多物种共栖，充分、高效利用自然资源的农业生产方式。

2. 物质能量多级利用及有机废弃物转化再生技术　即利用生态学的生态位和食物链原理，采用食物链加环的办法组建新的食物链，使物质能量通过食物链中的不同食物环多级多次转化利用，形成无废弃物、自净的生产体系，如秸秆多级利用技术。

3. 生物能及再生能源的开发利用技术　一是自然能源的开发利用，如太阳能、风能、水能、地热能等替代化石能源；二是生物能源再生、循环利用技术，包括利用沼气池发酵和现代堆肥技术。生物能及再生能源的开发利用技术目标在于尽可能减少乃至杜绝化石能源在农业领域的消耗，最大限度地减少农业碳排放。

第四节　农业生态系统的安全与评价

随着世界人口的增长，人类依靠越来越有限的资源要供养越来越多的人口，成为未来农业发展的主要矛盾。而20世纪以来许多恶性生态环境事件的发生告诉我们，人类必须重视和保护生态系统的健康和安全，才能维持人类社会的健康发展。农业生态系统覆盖了地球陆地大部分面积，所以农业生态系统的健康和安全发展，关系着人类社会自身的健康、安全发展。因此，近年来农业生态系统的健康与安全引起了科学家的广泛关注，并成为农业生态学研究的热点内容。为了能够实现农业可持续发展、农业食品安全和人类健康等农业建设的目标，有必要对农业生态系统的健康、安全及其评价进行系统的了解和认识。

一、农业生态系统的健康及其标志

（一）生态系统健康

生态系统健康的概念最早被美国生态学家 Aldo Leopold 提出，他于 1941 年提出土地健康的概念。该概念自提出以来，引起众多科学家的广泛关注。1994 年国际生态健康研究学会（ISEH）成立，使生态系统健康形成了一个新的研究领域，并于 1995 年正式创立刊物《Ecosystem Health》。但是对于生态系统健康的概念并没有形成统一的认识。

Karr J. R. 等（1986）认为生态系统健康体现在系统的潜能得到发挥，系统的恢复能力强。Rapport（1989）认为一个生态系统健康的内涵应包括生态系统的稳定性、可持续性、自我调节能力和恢复力。Costanza 等（1992）归纳了生态系统健康的定义：健康是生态内稳定现象，健康是没有疾病，健康是多样性或复杂性，健康是稳定性或可恢复性，健康是有活力或增长的空间，健康是系统要素间的平衡。Mageau（1995）认为健康的生态系统应具有活力、良好的恢复力和有机组织。Haworth L. 等（1997）把生态系统健康归纳为两方面的内容，一是系统功能应具有完整性、弹性和有效性，二是系统目标应该使生境群落保持活力。我国学者王小艺等（2001）也提出了生态系统健康的概念，包括以下内容：系统必须是稳定、有弹性、可持续的；生态系统健康具有尺度限制；应用生态系统健康概念管理资源；健康生态系统必须包括人类，并认识到人口统计学的影响；系统功能的保持，系统的可持续性等必须考虑到区域或空间分配等。章家恩等（2004）提出生态系统健康应包括以下几个方面的内容，具有健康的组分及和谐的内部秩序与组织结构，具有通畅的物质、能量和信息的流动与转化过程，一定的物质、能量转化能力和效率及储备，能够提供合乎自然和人类需求的生态服务；具有一定的自组织能力、活力、弹力、恢复能力和可持续性；对邻近的其他生态系统不产生危害或危害最小化；生态系统健康既是一种状态，又是一个过程或条件；具有空间、时间以及不同尺度上的特殊性和限制性；生态系统健康的判断标准取决于人类利益，带有人类的感情色彩。

虽然不同的学者对于生态系统健康理解的侧重点不同，但是健康的生态系统应该具有可持续性，系统具有较大的活力，系统的稳定性和恢复力较强，系统的能量流和物质流通畅。

（二）农业生态系统健康

农业生态系统健康研究最早开始于 20 世纪 40 年代，1942 年新西兰出版了《Soil and Health》杂志，该杂志首次提出"健康的土壤—健康的食品—健康的人"研究主题。但是在当时并没有引起人们的重视和关注，直到生态环境恶化事件频发之后，人们才意识到农业生态系统健康的重要性。加拿大最早于 1993—1996 年启动了农业生态系统健康研究项目，并于两年后出版了题为《Agroecosystem Health：Analysis and Assessment》的研究报告。随后由加拿大、洪都拉斯、肯尼亚、尼泊尔、埃塞俄比亚和秘鲁 6 个国家建立了全

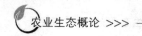

球农业生态系统健康网络，主要开展农业生态系统健康的理论和实践研究工作，并为全球农业生态系统健康研究提供交流平台。

农业生态系统较自然生态系统复杂且特殊，所以不同的学者对于农业生态系统健康的理解和认识也不同，导致迄今为止还没有形成对农业生态系统健康统一的定义。Soule 等（1992）认为农业生态系统健康应该表现为较高的系统完整性和持续性、稳定的生物量动态和营养流。Haworth 等（1997）认为应该从系统功能和系统目标两方面来阐释农业生态系统健康，系统功能应包括完整性、弹性和效率等；而系统目标应包括社会、自然和经济及其相互间的制约关系。王小艺等（2001）则认定农业生态系统健康的标准是，既满足人类生活需求又能保护自然资源的系统，还应该包括高产出、低投入、合理的耕作方式，有效的作物组合，农业与社会的相互适应，良好的生态环境与丰富的物种多样性等。梁文举等（2002）对农业生态系统健康做了如下定义：农业生态系统具有抵御"失调综合征"、处理胁迫和满足持续生产农产品的能力。

农业生态系统健康涉及范围较广，包含系统内的生物、环境、经济和人类等领域。农业生态学研究方法是把农业生产系统视作一个整体考虑其多种目标，如系统生产力和经济效益、系统不稳定性和脆弱性、社会公平性、对生产者和消费者健康的保护、对环境的保护以及可持续性和适应性。Haworth L. 等认为农业生态系统健康包括系统功能和系统目标，系统功能包括完成性、弹性、效率及日渐增长的生命必要物质，系统目标包括社会、自然、经济及其相互间的制约。农业可持续发展的生态安全指农业赖以发展的自然资源、生态环境处于不受威胁的健康与平衡状态，在这种状态下农业生态系统有稳定、均衡、充裕的自然资源可供利用。区域农业生态系统健康指一段时期内系统为满足社会需求维持其结构和实现其功能的能力，健康的农业生态系统能满足人类需要可持续发展。

总之，农业生态系统健康应包括农业生物健康和其所生存的环境健康、农业生产方式健康、系统健康有活力，并能使社会效益、生态效益和经济效益协调统一。

（三）农业生态系统健康的标志

目前，对农业生态系统健康标志的划分并没有统一的标准，但因为农业生态系统健康和人类健康息息相关，所以一般以农业生物健康、农业环境健康、农产品健康、对外部系统和人类有积极影响、系统结构合理、功能健康、具有可持续的生产力和抗灾变能力等作为衡量农业生态系统健康的指标。

1. 农业生物健康 表现在品种优良、无病虫害、无转基因、无恶性生物入侵等方面。

2. 农业环境健康 所有与农业生产有关的生态因子如土壤、水、大气环境等，都应是无污染、无异常和无危害的。

3. 农产品健康 指系统产出的农产品无污染、无毒害、有营养。

4. 对外部系统及人类有积极影响 农业生态系统对外部系统无危害，系统无废弃物和有毒、有害物质排出，对人类健康无危害。

5. 系统结构合理，功能健康 因地制宜、因时制宜的系统结构，适度的生物多样性。系统的外部输入较少，自然资源利用效率较高，产投比与农产品产量水平均较高。

6. 具有可持续的生产力和抗灾变能力 如可抵抗天气灾害、病虫害等。

二、农业生态系统的安全评价

（一）生态系统安全

20 世纪中期发生的资源、粮食、人口、能源和环境等五大危机给人类敲响了警钟，人们意识到生态安全体现在生态环境安全和生态系统安全方面。不同的学者对于生态安全的概念有不同的认识。但是基本都认同，生态安全中最重要的环节是生态系统安全。吴豪等（2001）认为生态系统安全是生态安全的重要环节，生态安全是指生态系统的健康和完整情况。郭中伟等（2003）指出生态系统安全是生态安全的基础，而生态安全既包括生态系统自身安全还包括生态系统为人类提供的条件及产品是否满足人类生存的需求。

生态系统安全就是指各类生态系统具有完整的组分与结构和稳定健康的生态服务功能，并且能承受生态系统外界施加的各种干扰或影响。

（二）农业生态系统安全

农业生态系统安全是指农业赖以发展的自然资源、生态环境处于健康、平衡的状态。在这种状态下，农业生态系统有稳定、均衡、充裕的自然资源可供利用，农业生态环境处于无污染、未破坏的健康状态。只有在这种生态安全的状态下，农业才能实现生态、经济和社会的可持续性。

农业生态系统安全具有较强的地域性和时间限制性，而且受外部自然环境、人类活动、社会经济、科技水平等的影响十分明显。例如，农业生态系统安全受灾害性天气（洪涝、干旱、台风等）、光热水土资源、农业生产技术条件（如化肥、农药、转基因物种等的应用）、市场经济条件（如需求、价格）等的影响很大。

（三）农业生态系统的安全评价

农业生态系统安全与否直接关系到农业可持续发展能否实施，关系到社会的发展和国家的安定。农业生态系统安全评价可为当地的生态农业建设提供依据。针对农业生态系统安全中出现的问题，采取相应的措施，使系统能够合理高效地运转，为实现农业可持续发展奠定基础。

1. 农业生态系统安全评价指标构建

（1）构建框架。农业生态系统安全框架构建目前还没有统一的标准。借鉴农业生态系统安全评价指标体系的构建，目前大部分研究所采用的是由联合国经济合作开发署（OECD）建立的"压力—状态—响应（PSR）"评价框架模型。一级指标选择系统状态、系统压力和系统响应。二级指标选择和三个一级指标相关的类别，如气候指标、环境压力和环境响应等。三级指标选择与系统评价关系较密切的指标，如人均耕地、人均水资源、降水量、积温、受灾面积和复种指数等，不同研究地区学者在利用 PSR 评价框架模型时所选择的指标侧重点不同。也有学者选择不同的角度来分析，如邓楚雄等（2011）从环境安全、资源安全和农业经济社会发展的角度来构建评价体系。

（2）构建方法。用于衡量各项指标对农业生态系统安全性的重要程度。目前通用的有两种确定权重的方法：一种是主观赋权法，另一种是客观赋权法。主观赋权法带有评价者或者专家的理解，具有主观性，所以可信度不高，但是适应性强，并且不要求指标具备完整的原始数据。客观赋权法是通过对一定数量的指标客观分析，提炼有用信息来确定指标

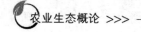

权重，可信度高，能较好地克服主观因素的影响。

2. 系统评价　根据农业生态系统安全的内涵来筛选相关的评价指标，确定权重。选择反映农业生态系统安全的生态、环境、社会、经济和持续力等典型指标，组成农业生态系统安全评价指标体系。根据评价结果，把农业生态系统安全分为非常安全、安全、较安全、较不安全、不安全 5 个等级。针对评价结果对系统进行诊断，并找出解决的途径。

参 考 文 献

曹凑贵，2002. 生态学概论 [M]. 北京：高等教育出版社.

程序，毛留喜，2003. 农牧交错带系统生产力的概念及其对生态重建的意义 [J]. 应用生态学报，14
　　（12）：2311－2315.

邓楚雄，谢炳庚，吴永兴，等，2011. 上海都市农业生态安全定量综合评价 [J]. 地理研究，30 （4）：
　　645－654.

郭中伟，甘雅玲，2003. 关于生态系统服务功能的几个科学问题 [J]. 生物多样性，11 （1）：63－69.

李玲，刘永安，陈朝明，等，1985. 农村生物能源的综合利用 [J]. 农业现代化研究，5：38－41.

李文华，2003. 生态农业——中国可持续农业的理论与实践 [M]. 北京：化学工业出版社.

梁文举，武志杰，闻大中，2002. 21 世纪农业生态系统健康研究方向 [J]. 应用生态学报，13 （8）：
　　1022－1026.

廖允成，林文雄，2011. 农业生态学 [M]. 北京：中国农业出版社.

林文雄，2013. 生态学 [M]. 2 版：北京：科学出版社.

骆世明，陈聿华，严斧，1987. 农业生态学 [M]. 长沙：湖南科学技术出版社.

骆世明，2013. 农业生态学的国外发展及其启示 [J]. 中国生态农业学报，21 （1）：14－22.

王松良，CLAUDE C，祝文烽，2010. 低碳农业：来源、原理和策略 [J]. 农业现代化研究，31 （5）：
　　604－607.

杨曙辉，宋天庆，2005. 作物（品种）布局单一化趋向与农业可持续发展 [J]. 农业环境与发展，22
　　（5）：1－10.

杨正礼，杨改河，2000. 中国高寒草地生产潜力与载畜量研究 [J]. 资源科学，22 （4）：72－77.

于贵瑞，2001. 生态系统管理学的概念框架及其生态学基础 [J]. 应用生态学报，12 （5）：787－794.

余彦波，刘棣良，1984. 应用生态系统原理发挥秸秆还田的经济效益 [J]. 生态学杂志，4：56－58.

张福锁，王激清，张卫峰，等，2009. 中国主要粮食作物肥料利用率现状与提高途径 [J]. 土壤学报，
　　5：915－924.

张国平，周伟军，2005. 植物生理生态学 [M]. 杭州：浙江大学出版社.

章家恩，骆世明，2004. 农业生态系统健康的基本内涵及其评价指标 [J]. 应用生态学报，15 （8）：
　　1473－1476.

中国科学院北京农业生态系统实验站，1989. 农业生态环境研究 [M]. 北京：气象出版社.

中华人民共和国农业部，2009. 2009 年中国农业发展报告 [M]. 北京：中国农业出版社.

COSTANZA R，NORTON B G，1992. Ecosystem health：new goals for environmental management [M].
　　Washington DC：Island Press.

FLORA C，2001. Interactions Between Agroecosystems and Rural Communities [M]. Boca Raton CRC
　　Press.

GODWIN S H，1977. Sir Arthur Tansley：The man and the subject，the Tansley lecture [J]. Journal of
　　Ecology，65 （1）：1－26.

KNORR D，2000. Novel approaches in food-processing technology：new technologies for preserving foods

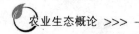

and modifying function [J] . Food biotechenology (5): 495 - 500.

JACKSON L E, 1997. Ecology in Agriculture [M] . Salt Lake City: Academic Press.

ODUM E P, 1983. Basic ecology [M] . New York: CBS College Publishing.

ODUM H T, 1988. Self-organization, transformity and information [J] . Science, 242 (4882): 1132 - 1139.

RAPPORT D J, 1989. What constitutes ecosystem health [J] . Perspectives in Biology and Medicine, 33 (1): 120 - 132.

TANSLEY A G, 1935. The use and abuse of vegetational concepts and terms [J] . Ecology, 16 (3): 284 - 307.

TIRRI R, LEHTONEN J, LEMMETYINEN R, et al, 1998. Elsevier's Dictionary of Biology [M]. Amsterdam: Elsevier.